47836

LE
ONDE DES PLANTES
ET
SES MERVEILLES

Par l'abbé PIOGER

DU CLERGÉ DE PARIS, CHEVALIER DE LA LÉGION D'HONNEUR
MEMBRE DE LA SOCIÉTÉ ASTRONOMIQUE DE FRANCE
ET LAURÉAT DE PLUSIEURS ACADÉMIES ET SOCIÉTÉS SAVANTES

> Le Dieu éternel, immense, sachant tout, a passé
> devant moi. Je ne l'ai pas vu en face, mais ce reflet
> de Lui, saisissant mon âme, l'a jetée dans la stupeur
> de l'admiration.
>
> (LINNÉ.)
>
> Dieu, qui se laisse toucher partout, ne se laisse
> comprendre nulle part ; dans la plus simple fleur
> qui tapisse le gazon, moins peut-être que dans les
> sphères qui ornent la voûte du ciel.
>
> (SAUVERT.)

PARIS
RENÉ HATON, LIBRAIRE-ÉDITEUR
35, RUE BONAPARTE, 35
(Près Saint-Germain des Prés)

LE

MONDE DES PLANTES

ET

SES MERVEILLES

René HATON, libraire-éditeur, 35, rue Bonaparte, PARIS

LES INSECTES

LEURS MÉTAMORPHOSES, LEUR STRUCTURE ET LEURS MŒURS

par M. l'abbé PIOGER, du Clergé de Paris

Un gros volume in-8° avec vignettes, 3 fr.; *franco*, 6 fr.

Beaucoup de nos savants oublient trop dans leurs travaux que l'auteur de toutes les merveilles qu'ils analysent, c'est Dieu; au delà de leurs lunettes et de leurs microscopes, ils ne voient plus rien que le hasard, l'indéfini, l'innommé, le néant. A cela il y a deux causes principales : la libre-pensée conduit à la fortune et aux honneurs; or, la pièce de cent sous et le ruban rouge sont des hochets aimantés attirant tous ceux qui oublient leur âme pour ne songer qu'à leur corps.

M. l'abbé Pioger a pris à tâche de venger Dieu de cette inqualifiable ingratitude, soit qu'il considère la création dans les *infiniment grands*, soit qu'il l'étudie dans les *infiniment petits*, il n'a qu'un but, qu'une aspiration, qu'une pensée : louer Dieu, célébrer sa grandeur, admirer sa providence, faire voir avec quelle puissance, quelle harmonie, Dieu a créé tout ce qui respire, tout ce qui se meut, tout ce qui existe. L'insecte dans sa petitesse n'est-il pas aussi merveilleux que le soleil immense qui brille au firmament?

C'est avec une véritable satisfaction que nous avons lu le nouvel ouvrage de ce savant abbé: c'est surtout avec un grand profit religieux que nous avons étudié les métamorphoses des insectes, leur structure et leurs mœurs; nous y avons vu les étonnantes industries du Créateur qui n'ayant rien fait d'inutile, a tout voulu protéger et conserver et qui a donné aux papillons comme aux fourmis les moyens de se développer, de vivre, de se défendre, de se nourrir, de se loger et de provoquer notre admiration par leur prodigieux instinct.

L'auteur a divisé son œuvre en cinq livres : il examine d'abord l'anatomie et la physiologie des insectes; puis il étudie leurs métamorphoses; il nous les montre enfin à l'état d'insectes parfaits.

Destinant son ouvrage à la jeunesse studieuse et aux hommes du monde, il a su très agréablement mêler l'agréable à l'utile. Point de ces dissertations souverainement arides et fastidieuses où, à propos d'un rien, le savant expose des systèmes et des théories en des termes grecs, latins ou hébreux. Le langage de M. l'abbé Pioger est clair; il est simple, accessible à tous. De nombreux exemples, des anecdotes, des histoires agrémentent la partie scientifique et rendent la lecture de l'ouvrage très attrayante.

Résumons-nous : le livre des insectes de M. l'abbé Pioger doit trouver sa place dans toutes les bibliothèques, et convient particulièrement aux distributions de prix dans les maisons d'éducation. Nous sommes assurés que tous ceux qui le liront ne le feront pas sans plaisir et sans profit.

(*Bibliographie catholique.*)

Typographie Firmin-Didot et Cᵗᵉ — Mesnil (Eure)

DIEU DANS SES ŒUVRES

LE

MONDE DES PLANTES

ET

SES MERVEILLES

Par l'abbé PIOGER

DU CLERGÉ DE PARIS, CHEVALIER DE LA LÉGION D'HONNEUR
MEMBRE DE LA SOCIÉTÉ ASTRONOMIQUE DE FRANCE
ET LAURÉAT DE PLUSIEURS ACADÉMIES ET SOCIÉTÉS SAVANTES

> Le Dieu éternel, immense, sachant tout, a passé devant moi. Je ne l'ai pas vu en face, mais ce reflet de Lui, saisissant mon âme, l'a jetée dans la stupeur de l'admiration.
>
> (LINNÉ.)

> Dieu, qui se laisse toucher partout, ne se laisse comprendre nulle part ; dans la plus simple fleur qui tapisse le gazon, moins peut-être que dans les sphères qui ornent la voûte du ciel.
>
> (PAUVERT.)

PARIS

RENÉ HATON, LIBRAIRE-ÉDITEUR

35, RUE BONAPARTE, 35

(*Près Saint-Germain des Prés*)

1895

PRÉFACE.

Nous ne pouvons donner une idée plus claire
du *but* que nous nous sommes proposé, en faisant ce livre, qu'en citant les paroles du grand
botaniste Linné, après avoir terminé ses admirables travaux sur l'organisation des Plantes :

« Le Dieu éternel, immense, sachant tout,
a passé devant moi. Je ne l'ai pas vu en face,
mais ce reflet de *Lui,* saisissant mon âme, l'a
jetée dans la stupeur de l'admiration. J'ai suivi
çà et là sa trace parmi les choses de la création ;
et, dans toutes ses œuvres, même dans les plus
petites, les plus imperceptibles, quelle force !
quelle sagesse ! quelle indéfinissable perfection !
J'ai observé comment les êtres animés se su-
perposent et s'enchaînent au règne végétal, les
végétaux eux-mêmes aux minéraux qui sont

dans les entrailles du globe, tandis que ce globe gravite dans un ordre invariable autour du soleil auquel il doit sa vie. Enfin j'ai vu le soleil et tous les autres astres, tout le système sidéral, immense, incalculable dans son infinitude, se mouvoir dans l'espace, suspendu dans le vide par un premier moteur incompréhensible, l'*Être* des êtres, la *Cause* des causes, le *Guide* et le *Conservateur* de l'univers, le *Maître* et l'*Ouvrier* de toute l'œuvre du monde.

« Toutes les choses créées portent le témoignage de la sagesse et de la puissance divine, en même temps qu'elles sont le trésor et l'aliment de notre félicité. L'utilité qu'elles ont attesté la bonté de celui qui les a faites, leur beauté démontre sa sagesse, tandis que leur harmonie, leur conservation, leurs justes proportions, et leur inépuisable fécondité proclament la puissance de ce *grand Dieu!*

« Est-ce cela que vous voulez appeler la *Providence!* C'est en effet son nom, et il n'y a que son conseil qui explique le monde. Il est donc juste de croire qu'il est un Dieu, immense, éternel, que nul être n'a engendré, que rien n'a créé, sans lequel rien n'existe, qui a fait et ordonné cet ouvrage universel. Il

échappe à nos yeux qu'il remplit toutefois de
sa lumière, seule la pensée le saisit; et c'est
dans ce sanctuaire profond que se cache cette
Majesté. »

O prétendus savants, qui croyez faire de la
science en traînant votre esprit au fond de vos
cornues, laissez-moi vous accuser et vous
plaindre de n'avoir pas su voir, de n'avoir pas
pu sentir les scènes de la nature. L'aspect de
certains sites admirables, où la grâce et la
beauté se jouent sous toutes les formes; le mouvement de la vie dans la verdure renaissante
des prairies et des bois; le rayonnement de la
lumière dans l'azur pâle entrecoupé de flocons
d'or, dans les arbres aux silhouettes silencieuses,
dans le miroir limpide du lac qui reflète le
ciel; la douce chaleur printanière que souffle
l'atmosphère attiédie; les senteurs sauvages et
les parfums des fleurs : toutes les beautés, toutes
les tendresses, toutes les caresses de la nature
sont restées inconnues à votre être inerte. Les
contemplations de cette nature terrestre offrent
pourtant de grands charmes et livrent parfois
des révélations inattendues!

Dès le berceau du monde, l'homme fut destiné à cultiver la terre et il nous semble que

toute autre occupation nous asservisse et nous
dégrade. Aussi dès que nous sommes nos maîtres, ou que nous pouvons respirer en liberté,
nous nous hâtons de nous livrer au jardinage.
Le négociant, l'industriel sont heureux de
passer de leur comptoir à leurs fleurs; l'ouvrier, qu'une dure nécessité courbe toute la semaine à son dur labeur, aime, en rentrant chez
lui, à s'occuper des plantes qu'il cultive dans
son intérieur ou sur sa fenêtre; heureux surtout
quand il peut aller, à la campagne, travailler
le petit jardin qu'il a pu acquérir avec ses éco-
nomies. Il n'est pas jusqu'à l'enfant que le travail d'un petit jardin n'inonde de joie; en un
mot, tout homme occupé soupire après la vie
champêtre, et pendant quelques mois de l'année,
au moins, quitte la ville et les affaires pour
jouir des charmes de la terre et du jardinage
dont il se pique de savoir tous les secrets.

En effet, cet art délicieux charme la solitude
de l'homme de bien, amuse la vieillesse désil-
lusionnée, et change en tableaux enchanteurs,
même la nature la plus sauvage. Aussi ce premier plaisir du premier homme a-t-il été chanté
par Homère, le Tasse, Milton qui ont épuisé sur
ce sujet les trésors de leur imagination. Écou-

tons saint Augustin, nous disant dans son livre
sur la Genèse (1) :

« N'y a-t-il pas pour votre raison un entretien intime avec la nature, lorsque semant la
graine, bouturant, ou provignant les rameaux,
métamorphosant par la greffe la nature de
l'arbre, vous interrogez chaque racine, chaque
bourgeon, pour savoir où s'étend, ou s'arrête
sa vigueur; ce qui la développe, ce qui la com-
prime, quelle est la force intérieure de la végétation, soumise, comme toutes les forces de
la nature, aux lois harmonieuses du nombre,
quelle est l'influence du travail de l'homme, et
le résultat de ces deux forces combinées ensemble? Et dans ce *colloque attentif avec les*
plantes et les fleurs, n'apprenez-vous pas que
celui qui plante et que celui qui arrose *n'est*
rien, que Dieu seul produit l'accroissement,
parce que seul il donne à la plante sa force végé-
tative, au cultivateur sa force et son énergie ? »

Si donc nous pouvons faire en sorte que
tous ceux qui auront lu ce livre y trouvent de
nouvelles raisons pour aimer encore davantage
Dieu et sa sagesse infinie dans la création des

---

(1) *De Gen. ad litt.,* l. **VIII**, c. **VIII**.

plantes, nous nous croirons non seulement bien
récompensé, mais encore le plus heureux des
mortels.

Disons donc, en terminant, avec Herschell :

« Plus le champ de la science s'élargit, plus
les démonstrations de l'existence éternelle
d'une *Intelligence créatrice,* et toute-puissante,
deviennent nombreuses et irrécusables. Géolo-
gues, mathématiciens, astronomes, naturalistes,
tous ont apporté leur pierre à ce grand temple
de la Science, temple élevé à Dieu lui-même. »

Et avec Newton :

« C'est ici une simple feuille détachée de cet
arbre immense et merveilleux où fleurissent
les œuvres de Celui qui, d'une parole, fit jaillir
l'Univers du néant; c'est une petite goutte
d'eau puisée à cet océan sans rivages où la Sagesse éternelle a répandu, comme des flots, les
créations, le mouvement et la vie; c'est un
douteux reflet de cette lumière splendide qui
nous presse de toutes parts, et que le regard
humain le plus assuré et le plus étendu ne peut
contempler sans éblouissement. Nous avons
voulu mêler notre faible voix à ce concert inef-
fable qui monte incessamment de la terre au
ciel, et rendre hommage au Créateur en ra-

contant quelques-unes des merveilles de cette
Sagesse suprême qui a disposé toutes choses
dans de justes rapports de dimension, de nombre
et de poids, et dont les pensées sont plus vastes
que la mer, et les conseils plus profonds que
l'abîme. Mais, au milieu de tous ces prodiges
de la Puissance créatrice, *je ne suis que
comme un enfant qui s'amuse sur le rivage, et
qui se réjouit de trouver de temps en temps
un caillou plus uni ou une coquille plus jolie
qu'à l'ordinaire, tandis que le grand océan de
la vérité reste voilé devant ses yeux.* »

LE

MONDE DES PLANTES

I

INTRODUCTION.

« Dieu dit : que la terre produise de l'herbe verte
qui porte de la graine, et des arbres fruitiers qui
portent du fruit, chacun selon son espèce, et qui renferment leur semence en eux-mêmes, *pour se reproduire* sur la terre. Et cela se fit ainsi.

« La terre produisit donc de l'herbe verte qui
portait de la graine selon son espèce, et des arbres
fruitiers qui renfermaient leur semence en eux-mêmes,
chacun selon son espèce. Et Dieu vit que cela était
bon *et conforme à ses desseins.*

(*Genèse*, I, 11 et 12.)

Mise à découvert par la retraite des eaux, la terre,
ornée de prairies, de coteaux, de forêts, est prête à
s'embellir d'une multitude innombrable de plantes

garnies de feuillages, de fleurs et de fruits : tous ces
végétaux nouvellement créés contiennent les semences nécessaires à la propagation de leur espèce ; ils
allongent leurs racines, et vont chercher dans la terre
des sucs nourriciers. De cette masse de lumière qui,
dès les premiers instants, avait été séparée des ténè-
bres, Dieu en condense une partie. Alors paraît le soleil, dont les feux et la bienfaisante chaleur échauffent
et fertilisent la terre. A son aspect, les feuillages et
les fleurs s'épanouissent ; les champs tapissés de verdure, sont émaillés des plus vives couleurs.

O hommes ! pour exciter votre reconnaissance, nous
voulons éclairer votre esprit, toucher votre cœur, flatter votre imagination par des tableaux enchanteurs
et qui vont devenir pour vous la source des plaisirs
les plus délicieux. Venez donc jouir de ceux qui ne
sont goûtés que par le vrai sage. La douce lumière
du soleil nous appelle dans les champs : c'est là qu'une
joie pure nous est réservée ; c'est dans ce vallon fleuri
que nous allons adresser un hymne au Créateur.

Comme le souffle du zéphyr agite doucement chaque rameau, chaque feuille de ces buissons ! Tout ce
qui paraît devant nos yeux saute, bondit, folâtre, ou
bien entonne des chants d'allégresse : tout semble
rajeuni, animé d'une nouvelle vie.

Bois touffus, vallées charmantes, et vous, montagnes, que la nature pare de ses dons, votre aspect ré-
crée nos sens et flatte notre cœur ; vos attraits ne
doivent rien à l'art, et ils effacent l'éclat des jardins.

Aucun lien ne peut empêcher le sage qui aime à

exercer ses sens et sa raison de venir goûter les dou-
ceurs innocentes et si pures qu'on trouve au sein des
campagnes. Là, de riches pacages, des prairies couvertes de rosée, et les riants objets qui s'offrent de
toutes parts, remplissent son âme d'une douce joie et
l'élèvent jusqu'à son Créateur.

L'étude des plantes est une des plus douces jouissances pour l'homme. Elle donne un intérêt sans cesse
renaissant aux promenades dans la campagne, où, si
l'on connaît les propriétés et la nature des végétaux,
on ne peut traverser un bois, un champ cultivé, une
prairie, sans regarder avec un sentiment de satisfaction des plantes, des arbustes, des arbres qu'on sait
distinguer et nommer. Dans les bois, chaque arbre a,
pour ainsi dire, son langage, que la Botanique nous
enseigne à comprendre. Le chêne séculaire, c'est la
charpente de nos maisons; le pin élancé, c'est le mât
du navire qui sert à soutenir ses voiles; le hêtre parle
de la flamme joyeuse du foyer domestique. Dans les
champs, chaque plante cultivée nous rappelle le travail intelligent de l'homme; dans les prairies, le moindre brin d'herbe a son enseignement : c'est la grande
source de la richesse agricole, l'aliment indispensable
des animaux domestiques.

D'un autre côté, l'étude des végétaux fait naître et
développe le goût des fleurs, source de plaisirs pour
tous les âges. Si, pendant le cours de la belle saison,
ou s'est plu à étudier sur pied les fleurs sauvages
dans tout l'éclat de leur fraîcheur, on aime à les re-
voir, durant les mauvais jours de l'hiver, desséchées et

classées dans un herbier soigneusement préparé.

Pour l'habitant des villes, l'appartement devient une serre tempérée ; là fleurissent dans des vases remplis de terre ou simplement d'eau pure, les tulipes aux nuances variées, des jacinthes et des jonquilles douées des plus doux parfums. Sur une simple étagère, vivent et fleurissent des collections entières de plantes grasses naines, dont l'air est le principal aliment, et dont la végétation nous offre les plus curieux phénomènes. Puis, la fenêtre et la terrasse, si elles sont bien exposées, peuvent admettre diverses plantes d'ornement de chaque saison et se transformer en un parterre en miniature. Pour ceux qui vivent habituellement à la campagne, c'est un plaisir que de s'occuper de la culture du jardin, et en même temps un moyen de se rendre utile que de récolter les plantes médicinales les plus usuelles, la violette, la mauve, le bouillon blanc, etc.

Enfin, l'étude des végétaux, en nous faisant passer en revue les inépuisables richesses de la nature, élève la pensée vers le Créateur de toutes choses, et nous dit aussi combien nous devons aimer, adorer et bénir la divine Providence qui se montre à nous par tant de bienfaits. (BELÈZE, *Histoire naturelle.*)

Écoutons le chantre du Tableau de la création :

« Lorsque, durant les beaux jours du printemps, vous respirez l'air embaumé des bosquets, que vous contemplez la majesté des arbres qui vous couvrent de leur ombrage, que vous parcourez les prés fleuris, les bruyères empourprées, ou que vous vous reposez sur la pelouse des clairières, au fond des bois, vous

arrive-t-il quelquefois de méditer sur ce qu'il y a
d'étonnant et de sublime, et en même temps d'écono-
mique et d'admirablement simple, dans les lois qui ont
fait sortir du sol et développé dans l'atmosphère, toutes
ces herbes, toutes ces fleurs, tapis charmant étendu
sous vos pieds ; tous ces troncs vigoureux, toutes ces
cimes qui forment au-dessus de votre tête ce vaste
dôme de verdure?... que d'organes, que de vaisseaux,
que d'instruments mis en jeu, et combien de ressorts
pour en assurer le travail, pour en varier les opérations, pour en diriger les fonctions vers des résultats
aussi infiniment diversifiés que le sont ceux que nous
présentent les innombrables produits du règne végétal, dans les cent mille espèces de plantes connues
aujourd'hui, depuis la mousse microscopique jusqu'au
chêne gigantesque, l'honneur de nos forêts ; depuis le
plus obscur cryptogame jusqu'au lis pompeux, jusqu'au splendide Magnolia, avec la prodigieuse diversité de leurs formes et de leurs tailles, de leurs feuillages et de leurs fleurs, de leurs parfums et de leurs
fruits !...

« Le même fluide, pompé par la racine, nourrit diver-
sement la racine elle-même, l'écorce, le bois et la moelle;
il devient feuille, il se distribue dans les branches et
dans les rejetons, alimente les fruits qu'il développe :
qui nous expliquera la variété de ces métamorphoses?
qui nous révélera les secrets de la mécanique et de la
chimie de la Providence, toutes les ressources de l'art
qu'elle emploie dans la création de tant de chefs-d'œuvre ! — Profonds scrutateurs des lois et des opéra-

tions de la nature, dites-nous où sont les moules où
elle jette, chaque printemps, depuis l'origine des choses, toutes ces corolles aux formes si séduisantes ;
quelle est la palette où elle broie toutes les brillantes
couleurs dont elle les revêt. En parcourant une prairie, c'est le même fluide que vous voyez rougir telle
fleur, donner à telle autre l'éclat de la pourpre ou de
l'or, azurer celle-ci, blanchir celle-là... Dites-nous
quel est l'alambic où la nature distille tous ces suaves
arômes que les fleurs exhalent, où elle prépare tous ces
nectars délectables qui remplissent les fruits de nos
vergers. Comment le même fluide que nous avons vu
tout à l'heure se transformer en racines, en écorce, en
feuilles, en fleurs, etc., devient-il vin dans la vigne,
huile dans l'olivier? Comment, doux dans la première, est-il onctueux dans l'autre? Pourquoi la saveur de la pêche n'est-elle pas la même que celle de
la pomme, de la figue ou du fruit du Palmier? Comment ce même fluide, qui flatte si agréablement le
goût, en passant à des plantes douces, devient-il âpre
en se transmettant à d'autres plantes qu'il aigrit, et
parvient-il un dernier degré d'amertume dans l'Absinthe ou la Scamonée? Comment, astringent et rude
dans les unes, s'est-il converti dans les autres en une
substance huileuse et émolliente? — Illustres savants, vous confessez votre ignorance... En effet, c'est
vous demander de soulever le voile qui couvre le
mystère de la vie ; c'est vous demander l'explication
de phénomènes dont le Créateur s'est réservé le secret. Reconnaissons donc ici sa main invisible et si

magnifiquement libérale : il ne fait que l'ouvrir, des nuages de fleurs s'en échappent, et le séjour de l'homme est enchanté. » (L. F. Jéhan.)

Disons donc avec saint Grégoire de Nazianze :

« ÊTRE au-dessus de tous les êtres! Cet hommage est le seul qui ne soit pas indigne de vous. Quelle langue pourrait vous louer, vous dont toutes les langues ensemble ne sauraient représenter l'idée? Quel esprit pourrait vous comprendre, vous dont toutes les intelligences réunies ne sauraient atteindre la hauteur? Tout célèbre vos louanges ; ce qui parle vous loue par des acclamations ; ce qui est muet, par son silence. Tout révère votre majesté, la nature vivante et la nature morte. A vous s'adressent tous les vœux, toutes les douleurs ; vers vous s'élèvent toutes les prières. Vous êtes la vie de toutes les durées, le centre de tous les mouvements, vous êtes la fin de tout. Tous les noms vous conviennent; et aucun ne vous désigne. Seul dans la nature immense, vous n'avez point de nom. Comment pénétrer par delà tous les cieux dans votre impénétrable sanctuaire? Soyez-nous favorable, être au-dessus de tous les êtres! cet hommage est le seul qui ne soit point indigne de vous. »

(Hymne à Dieu.)

Nous avons écrit ce livre surtout pour ceux qui veulent connaître les traits généraux de la Botanique qu'ils n'ont pas le temps d'approfondir, ou qui débutent dans l'étude de cette science, une des plus sèches,

en leur montrant qu'elle ne se compose pas seulement
de détails arides et fastidieux.

Si l'on nous reprochait de n'être pas entré suffisam-
ment dans le détail des questions relatives à l'organisation, au développement et à la physiologie des végétaux, nous répondrons que tel n'a point été notre in-
tention. Nous avons voulu simplement montrer les côtés
attrayants, grandioses et divins de cette science qui
projette tant de lumière sur les problèmes biologiques
les plus graves et les plus difficiles à résoudre.

Nous nous estimerions heureux si ce livre pouvait
convaincre quelques-uns de nos lecteurs, si toutefois
ils en doutent, que *Dieu est grand dans les grandes
choses, mais qu'il est encore plus grand dans les petites.*

NOTA. — Nous donnons à la fin de cet ouvrage, par ordre
alphabétique, tous les mots qui ont besoin d'explication.

II.

UTILITÉ DE LA BOTANIQUE.

I. SES AGRÉMENTS.

La science qui nous occupe en ce moment, est, de toutes les parties qu'embrasse l'Histoire naturelle, celle qui présente en même temps et les objets d'utilité les plus nombreux et les agréments les plus variés. Est-il une étude plus attrayante que celle de ces productions innombrables et si diversifiées qui parent nos prairies et font l'ornement de nos jardins et de nos forêts? La Botanique est la science de tous les temps et de tous les lieux. Partout on trouve des plantes : la nature en a fait la parure de la terre, et toutes les saisons, l'hiver même malgré ses glaces et ses frimas, voient naître et se reproduire de nouveaux végétaux. Sur quelque point de la terre que nous portions nos regards nous le trouverons décoré de quelque plante particulière. Mêlant ensemble leurs feuillages, entrelaçant leurs tiges, leurs formes variées semblent destinées à ne laisser aucun espace vide ; les sables les plus mobiles, les marais les plus fangeux, les roches

même les plus dures, toute la surface du globe tend,
par le moyen des plantes, à se revêtir de verdure
(fig. 1). Voyez quel joli spécimen!

Mais si l'étude de la Botanique a des charmes, son
utilité n'est pas moins grande. Les usages auxquels
l'homme fait servir les plantes sont innombrables.
Qu'on juge, par un seul fait, de l'immense quantité de
végétaux qui sont consommés pour l'usage de l'homme
et des animaux. A Paris seulement, on vend pour
500,000 francs de Mouron (*Morgeline intermédiaire*)
pour les petits oiseaux et surtout les serins : cette
plante se vend pendant presque toute l'année. Je
me rappelle à ce sujet un charmant épisode du
siège de Paris, cependant si triste. J'avais chez moi
un tarin qui manquait souvent de nourriture. Comme
j'étais aumônier des ambulances volantes, je lui rap-
portai un jour des hauteurs d'Ivry et de Villejuif, une
poignée de mouron cueilli à la hâte. Dire la joie de
cette petite bête est impossible ; elle battait des ailes,
sautait dans sa cage et me montrait sa reconnaissance
par des ébats sans fin. J'en avais le cœur tout ému.

Chacune des parties ou de leurs organes présente
en général une façon particulière de nous être utile.
C'est ainsi que les racines fournissent des aliments
également salubres et savoureux; les graines plus
substantielles encore, font la base habituelle de la
nourriture de presque tous les peuples ; l'écorce et le
liber, par leurs fibres hautes et souples, donnent la
matière de ces tissus légers qui servent à nous défendre des injures de l'air. Le bois, cette substance légère

et solide, dont les Indiens ont fait un cinquième élément, nous procure encore de plus grandes ressour-

Fig. 1. — Bambou arondinacé.

ces : par la construction des maisons, il nous met à l'abri des intempéries des saisons, et par celle des

vaisseaux, il nous soumet un élément qui nous semblait interdit par la nature.

Les fleurs attirent nos regards et notre admiration
par l'élégance de leurs formes et par l'éclat et le mélange de couleurs ; elles flattent notre odorat par la
douceur de leurs parfums. Cet attrait que nous éprou-
vons pour un plaisir indépendant de nos besoins, suf-
firait pour nous distinguer des autres animaux ; une
foule d'autres traits établissent d'une manière évidente
la supériorité que nous donne sur eux notre intelligence. Chaque espèce d'entre eux n'a de rapport
qu'avec un petit nombre de plantes ; l'animal, conduit par son appétit, s'approche de celles qui peuvent
le satisfaire, et s'éloigne de celles qui lui seraient nuisibles ; il broute l'herbe ou ronge le fruit qui lui convient ; tout le reste lui est indifférent. L'homme seul,
planant sur l'ensemble, prévoit de loin ce qui pourra
lui être nécessaire, le met à sa portée longtemps avant
que la nécessité le lui commande. A l'homme seul il
a été accordé de jouir dans toute sa plénitude du
beau spectacle de la nature ; lui seul en est affecté par
tous les sens ; lui seul peut en saisir la sublime ordon-
nance, le suivre dans ses détails, le contempler dans
son ensemble. Les sites variés des paysages, les bords
riants des ruisseaux, la verdure nuancée des prairies,
ne sont que pour lui. Quel autre que lui est pénétré
d'une sorte de sentiment religieux à l'aspect d'une
antique forêt ? Si le papillon voltige de fleur en fleur
dans nos parterres, ce n'est ni pour jouir de leur
éclat, ni pour admirer cette variété si séduisante de

couleurs et de formes, mais pour s'y abreuver de nectar et y déposer sa postérité ; l'abeille ne se montre
dans les plaines fleuries que pour recueillir la cire et
le miel. Si l'oiseau s'engage à l'ombre des bois, c'est
parce qu'il y trouve sa sûreté, un asile, des aliments.

L'étude des plantes est une source de jouissances
pures ; elle fait le charme des cœurs sensibles. Que
d'émotions à la vue des fleurs, même les plus communes ! Que de souvenirs délicieux elles renouvellent
toutes les fois que nous nous reportons dans ces promenades champêtres où nous ont si souvent attirés
le retour des zéphyrs et celui de la verdure et des
fleurs ! Quel plaisir de conquérir la *Rose* défendue par
ses épines, de découvrir et de cueillir la *Violette* trahie
par son odeur, de saisir l'*Aubépine* fleurie ! Qui ne
connaît l'aubépine ? Qui n'a admiré la pompe agreste
de ses nombreux bouquets de fleurs ? Qui n'aime à
en respirer l'odeur ? Croissant spontanément dans nos
contrées, où elle s'élève à la hauteur des grands arbrisseaux, déployant dans le plus beau mois de la plus
belle saison une magnificence de floraison qu'aucun
d'eux n'égale, et joignant à ce mérite celui de par-
fumer l'air, l'aubépine, au moment où elle épanouit les
rosaces de ses roses ou blanches corolles (car il y en
a deux espèces), est une des plantes qu'on salue avec
le plus de plaisir dans les campagnes ou dans les jardins. Les pauvres villageois surtout, qui l'obtiennent
sans frais des mains de la nature, s'empressent de
l'offrir en hommage dans les solennités religieuses ou
sur les autels de leur modeste église. En Savoie, les

jeunes paysannes, dont les parents gémissent dans l'indigence, s'habillent de leur mieux le premier dimanche de mai, et, prenant en main pour présage de fertiles moissons l'Aubépine fleurie, elles vont en chantant prédire aux riches qu'ils auront encore en abondance ce blé, ce pain dont la production leur coûte à elles-mêmes tant de peines, et dont cependant elles sont si souvent privées; pauvres enfants dont l'existence habituellement malheureuse et traversée seulement par de rares éclairs de bonheur, se peint si bien dans ces guirlandes formées de fleurs bien vite fanées et d'épines toujours subsistantes, toujours plus dures.

Il n'est pas une plante qui ne nous rappelle une jouissance, et avec elle, l'âge heureux de notre première jeunesse. Pouvons-nous voir avec indifférence cette aigrette légère et argentée du *Pissenlit,* que nous avons si souvent dispersée de notre souffle et livrée au gré des vents? Ces *Primevères,* développant dans les vallées leur panache doré? Cette *Brize amourette,* dont nous examinions les épillets tremblants? Ces baies succulentes de la *Ronce,* que ses épines n'ont pu garantir de nos larcins? Ces fraises parfumées, cueillies au milieu des bois? Le *Bluet,* le *Coquelicot,* ornement des moissons? Le *Chèvre feuille* odorant, dont nous composions des guirlandes pour orner notre coiffure? Ces buissons, ces taillis, si souvent battus pour y cueillir la noisette savoureuse? Et ces *Noyers* tant de fois attaqués pour en obtenir les fruits? Un buisson s'offre à nous;

c'est là, c'est à la faveur de son ombre que des heures
délicieuses se sont écoulées pour nous, livrés à un doux
loisir, à des rêveries agréables. Ici se retrouve cette
pelouse où, assis à côté d'un ami, nous l'avons rendu
le confident de nos secrets. Enfin, il n'est point de
parures sans bouquets, point de fêtes sans guirlandes,
point d'époque heureuse dont le retour ne soit célébré
par des fleurs.

Combien donc doit être intéressante dans ses détails cette étude qui se rattache aux grands phénomènes de l'Univers, qui s'identifie avec nos plus
douces habitudes, nous conduit de merveilles en merveilles, et nous transporte en quelque sorte dans un
monde nouveau, que nous habitons sans le connaître
et que nous regretterons d'avoir connu si tard!

« Considérez comment croissent les lis des champs :
ils ne travaillent point, ils ne filent point, et cependant je vous déclare que Salomon même, dans toute
sa gloire, n'a jamais été vêtu comme l'un d'eux. Si
donc Dieu a soin de vêtir de cette sorte l'herbe des
champs, qui est aujourd'hui et qui sera demain jetée
dans le four, combien aura-t-il plus de soin pour vous
vêtir, ô hommes de peu de foi! » (Math. VIII, 29.)

« L'homme, dit Bernardin de Saint-Pierre, est le
seul des animaux qui soit obligé de se vêtir, le seul
au besoin duquel la Nature n'ait pas immédiatement
pourvu. Nos philosophes n'ont pas assez réfléchi sur
une aussi étrange distinction. Quoi! un ver a sa ta-
rière ou sa râpe; il naît au sein d'un fruit, dans l'a-
bondance; il trouve ensuite en lui-même de quoi se

filer une toile dont il s'enveloppe; après cela, il se
change en mouche brillante qui va perpétuer son espèce sans souci et sans remords; et le fils d'un roi
naîtra nu, dans les larmes et les gémissements, ayant
besoin toute sa vie du secours d'autrui, obligé de
combattre sa propre espèce au dedans et au dehors,
et trouvant souvent en lui-même son plus grand
ennemi! En voyant la beauté de ses formes et sa
grande nudité, il m'est impossible de ne pas admettre
l'ancienne tradition de notre origine. La nature, en
le mettant sur la terre, lui a dit : Va, être dégradé,
intelligence sans lumière, animal sans vêtement, va
pourvoir à tes besoins; tu ne pourras soutenir ta
raison aveugle qu'en la dirigeant vers le Ciel, ni soutenir ta vie malheureuse que par le secours de tes
semblables (1). »

Changez cette expression vide de sens d'une *nature*
qui met l'homme sur la terre et lui adresse la parole;
remplacez, dis-je, cette nature impuissante et stérile
par le nom tout-puissant et fécond du *Créateur,* et
vous aurez dans ce passage un magnifique commen-
taire de ce verset de la Genèse : « Le Seigneur Dieu
fit à Adam et à sa femme des habits de peaux dont
il les revêtit. » (Gen., III, 11.)

« Écoutez-moi, germes divins : fructifiez comme
les rosiers plantés près du courant des eaux. Répan-
dez des parfums comme le Liban. Fleurissez comme
les fleurs des lis, exhalez une douce odeur; parez-

(1) *Études de la nature,* XIIᵉ étude.

vous de vos rameaux ; chantez des cantiques et BÉ-
NISSEZ LE SEIGNEUR DANS SES ŒUVRES. Donnez à
son nom la magnificence, confessez-le par les paroles
de vos lèvres, par vos chants, par le son des instruments, et vous direz dans vos bénédictions :

« Les ouvrages du Seigneur sont tous excellents. »
(L'Ecclésiastique, XXXIX, 17, etc.)

La fécondité des plantes prouve le dessein du Créateur, qui non seulement veille à la conservation de
l'espèce, mais au besoin de tant d'animaux qui se
nourrissent de graines. Pline, le naturaliste (livre
XVIII), avait fort bien remarqué qu'un boisseau de
blé en produit quelquefois plus de 150. Il nous dit
qu'un gouverneur envoya à Néron, trois cent soixante
tuyaux sortis d'un seul grain, ce qui lui fait faire
cette réflexion : qu'il n'y a point de grain plus fer-
tile que le blé, parce qu'il est le plus nécessaire à
l'homme : « *Tritico nihil fertilius : hoc enim natura
tribuit, quoniam eo maxime alebat hominem.* » Par
la même raison, c'est le grain qui se conserve le plus
longtemps. On a mangé du pain fait avec du blé qui
avait plus de cent ans. On a fait germer du blé trouvé
dans les sarcophages égyptiens et qui avait plusieurs
milliers d'années. Pline, qui savait si bien les merveilles de la nature, chose étonnante, en oublia l'Auteur. Cependant elles ramènent si nécessairement à
un Dieu, que la philosophie, comme dit saint Cyrille,
est le catéchisme de la foi : « *Philosophia catechis-
mus ad fidem.* »

Aussi, dans la moindre fleur, la moindre feuille, la

moindre plume, Dieu, dit saint Augustin, n'a point négligé le juste rapport des parties entre elles : « *Nec avis pennulam, nec herbæ flosculum, nec arboris folium, sine partium suarum convenientia reliquit.* »

Faisons maintenant, avec l'auteur des Études de la nature, quelques réflexions sur le langage de la Botanique.

Nous sommes encore si nouveaux dans l'étude de la nature que nos langues manquent de termes pour en exprimer les harmonies les plus communes; cela est si vrai, que, quelque exactes que soient les descriptions des plantes, faites par les plus habiles botanistes, il est impossible de les reconnaître dans les campagnes, si on ne les a déjà vues en nature, ou au moins dans un herbier. Ceux qui se croient les plus habiles en botanique, n'ont qu'à essayer de peindre sur le papier une plante qu'ils n'auront jamais vue, d'après une description exacte des plus grands maîtres, ils verront combien leur copie s'écartera de l'original. Cependant des hommes de génie se sont épuisés à donner aux parties des Plantes des noms caractéristiques; ils ont même choisi la plupart de ces noms dans la langue grecque, où il y a beaucoup d'énergie. Il en résulte un autre inconvénient; c'est que ces noms, qui sont la plupart composés, ne peuvent se rendre en français : et c'est une des raisons pour lesquelles une grande partie des ouvrages de Linné est intraduisible. A la vérité, ces expressions savantes et mystérieuses répandent un air vénérable sur la botanique; mais la nature n'a pas besoin de ces ressources

de l'art des hommes pour s'attirer nos respects. La
sublimité de ses lois peut se passer de l'emphase et de
l'obscurité de nos expressions. Plus on porte la lumière
dans son sein, plus on la trouve admirable.

II. UTILITÉ DES PLANTES.

Les plantes ne sont pas seulement destinées à faire
le plus bel ornement des campagnes, à embellir la
demeure de l'homme, à lui procurer par leur ombrage
une fraîcheur délicieuse pendant l'été, elles lui offrent
surtout des richesses inépuisables de commodité et
d'agréments, par le grand nombre de services qu'il en
retire. Nous ne pouvons faire un pas dans nos manu-
factures, dans nos ateliers, dans nos maisons mêmes,
sans apercevoir de tous côtés une foule d'ouvrages dus
à l'industrie de l'homme, et dont la matière a été tirée
des végétaux. Ces êtres qui, pendant leur vie, ont peu-
plé les campagnes et les forêts, sont portés après leur
mort dans les villages et les villes, où les uns sont em-
ployés à la construction des édifices, les autres convertis
en vêtements, et la plupart transformés en meubles, en
ustensiles de toute espèce, aussi utiles que commodes.
La table qui sert à nos repas, le lit sur lequel nous repo-
sons, les portes qui assurent notre tranquillité, les coffres
et les cassettes dépositaires de notre or et de nos pa-
piers, les tonneaux qui conservent nos aliments et nos
boissons, les voitures qui nous transportent, les vaisseaux qui font circuler nos richesses dans les deux mon-

des, les couleurs dont nos étoffes sont teintes, celles qui
nous représentent sur l'ivoire ou sur la toile ; toutes ces
choses et une infinité d'autres, sont autant de bienfaits
du règne le plus aimable de la nature. Ainsi la destruction ou plutôt l'emploi des végétaux alimente un
très grand nombre d'arts, soit de première nécessité,
soit de luxe ; et ces corps, quoique privés de la vie, se
plient sous la main de l'homme, à toutes les formes
qu'il veut lenr donner et à tous les services qu'il en
exige. C'est encore du sein des végétaux morts et con-
sumés par le feu que nous retirons en hiver la chaleur qui nous manque ; et quand cette triste saison est
passée, c'est avec des végétaux façonnés en instruments que nous célébrons le retour du printemps et
des fleurs.

III. PLANTES CULTIVÉES.

Les plantes cultivées, c'est-à-dire celles qui servent plus particulièrement aux besoins de l'homme,
sont ou *alimentaires,* ou d'un autre usage. La première
classe se divise en deux, l'une servant à la nourriture
de l'homme, comme les céréales, les légumineuses, les
racines, etc. ; l'autre, les plantes dites fourragères,
servant à la nourriture des animaux.

La deuxième classe comprend les végétaux qui
fournissent la matière première aux arts industriels.
Citons les plantes *à graines* ou à *fruits oléagineux,*
donnant de l'huile, telles que le Pavot, le Ricin, l'Olivier,

le Noyer, etc. ; les plantes *propres à être tissées* ou à filaments textiles, comme le Chanvre, le Lin, le Cotonnier. Les *plantes tinctoriales,* comme la Garance, le Pastel, le Safran; l'Indigotier, la Gaude, etc.; les *plantes médicinales;* les plantes *aromatiques,* et d'autres, à l'infini. Tous ces végétaux sont différents selon la latitude du lieu qu'ils habitent, qui en augmentent ou en diminuent la suavité et la bonté.

« La Providence, dirons-nous avec Belèze, inépuisable dans ses bienfaits, abandonnant à l'homme toutes les richesses minérales, songeait encore à lui en créant les variétés fécondes du règne végétal. Il y a des plantes pour tous les climats, et une destination visible de chaque plante à chaque terrain : les unes ont besoin de soleil et les autres d'ombre ; les montagnes sont propres aux unes et les vallons aux autres ; le voisinage de l'eau et les lieux secs ont les leurs ; un sable aride convient à la bruyère. Le sol des contrées qui s'avancent vers la zone glaciale ne laisse croître que des Bouleaux, des Sapins, des Lichens et des Mousses. Les pays de la zone tempérée offrent une végétation variée, abondante, riche surtout en produits utiles. Mais c'est dans les régions tropicales que la nature déploie tout le luxe, toute la majesté des productions végétales : c'est là que les fougères, ces plantes si humbles, si modestes dans nos climats, atteignent les proportions des grands arbres de nos forêts.

« Il y a des plantes pour tous les climats, et l'on peut dire que chaque climat a ses productions spéciales Les fruits acides sont plus communs dans les pays

chauds où ils sont plus nécessaires; les fruits d'un
goût plus doux et plus diversifié sont plus abondants
là où la chaleur est plus modérée. L'Europe possède
tous les fruits propres aux climats tempérés, les plantes alimentaires les plus utiles, soit pour l'homme, soit
pour les animaux domestiques. Ainsi le Poirier, le
Prunier, le Pêcher, l'Abricotier, le Cerisier, le Pommier,
sont communément répandus dans la région moyenne;
l'Olivier, le Figuier, l'Oranger, le Citronnier, dans la
région méridionale. On peut cultiver presque partout
le Blé, le Seigle, l'Orge, l'Avoine, les Pommes de terre.
C'est aussi en Europe, surtout dans la région médi-
terranéenne, que la Vigne donne ses produits les plus
estimés. L'Asie et l'Amérique ont leurs productions
aussi variées qu'abondantes et appropriées aux climats
sous lesquels elles croissent; le Bananier, le Palmier,
le Caféier, l'Arbre à thé, le Cacaoyer, la Canne à sucre,
le Riz, les arbres à épices, les plantes aromatiques, le
Cotonnier, des bois précieux pour la teinture et l'ébé-
nisterie. L'Afrique, brûlée par les ardeurs du soleil,
possède, comme l'Amérique, les Dattiers, les Bananiers,
les Cocotiers; de plus, les arbres à gomme et l'immense
Baobab, dont les rameaux abritent de leur ombre des
espaces très étendus. L'Océanie, privée de la plupart
des fruits de l'Europe, a reçu en partage l'arbre à pain,
dont les fruits sont la principale nourriture d'un grand
nombre d'insulaires du monde maritime. L'habitant
des tropiques trouve dans le cocotier son abri, sa nourriture et ses vêtements; l'Arabe qui parcourt les déserts, a un aliment excellent dans la datte, et l'Is-

landais dont la terre est presque constamment couverte de glace et de neige, découvre dans une humble
plante de son rivage, le Lichen, une nourriture saine
et abondante. Enfin, il faudrait de longues pages pour
passer en revue cette infinie variété de végétaux
qui donnent tant de produits utiles à l'industrie, aux
arts, à l'économie domestique et à la médecine. »

IV. LES GRAMINÉÉS.

« Les Gramens, dit Linné, plébéiens, campagnards,
pauvres gens de chaume et de balle, communs, simples, vivaces, constituent la force et la puissance du
royaume, et se multiplient d'autant plus qu'on les
maltraite et qu'on les foule aux pieds. »

En effet, cette famille, la plus intéressante de la
Flore, coûte peu; elle nourrit l'homme et lui permet
d'entretenir ses nombreux troupeaux; le cheval, le
bœuf, nos basses-cours, lui doivent la vie. La munificence du Créateur éclate surtout dans la production
des Graminées, la famille la plus nombreuse des végétaux, et dont la multiplication est la plus facile. Elle
se trouve partout, dans les plaines, sur les hauteurs,
sur le penchant des collines, sur le bord des rivières
et des fleuves, etc. Partout où la végétation est possible, on est sûr de la rencontrer, et, chose d'un prix
inestimable, elle résiste *aux hivers les plus rigoureux.*

Les Graminées comprennent toutes les plantes appelées vulgairement *céréales* et celles qui sont connues

sous le nom d'*herbe* ou de *gazon* (plantes fourragères).
Nous parlerons plus loin des céréales; disons un mot
des gazons.

Les gazons sont la robe de la nature : il n'y a
point de beau jardin ou de paysage enchanteur, sans
gazon. L'ombre des bosquets, le doux murmure du
ruisseau, la fraîcheur des fontaines, ne sont vraiment
agréables que lorsqu'ils offrent leur belle verdure au
voyageur, comme un bon siège pour s'y reposer. Si
l'intérieur d'une épaisse forêt, malgré sa magnificence,
nous inspire presque toujours un sentiment de tristesse, c'est parce qu'on ne voit à la surface du sol
qu'elle ombrage, ni gazon, ni fleurs pour réjouir la
vue. Aussi, lorsqu'on rencontre, en la parcourant,
quelques clairières ou le soleil pénètre et éclaire une
verte pelouse, l'âme sourit aussitôt à ce tableau; elle
en jouit avec transport, et ce n'est qu'à regret qu'elle
les quitte pour poursuivre sa route à travers les bois.
C'est surtout au bord des forêts et sous les abris
qu'elles procurent, qu'on aime à trouver une herbe
épaisse et molle, pour pouvoir s'y reposer, pendant
la chaleur du jour, surtout après une longue course.

Les animaux eux-mêmes et surtout les animaux
domestiques, se réjouissent à l'aspect d'une belle
prairie. Le jeune poulain, la génisse, la chèvre, le tau-
reau aiment à bondir sur l'herbe fleurie qui les nourrit.
Voyez les moutons : avec quelle ardeur ils se portent
partout où ils aperçoivent la verdure. Quel beau spectacle que les gazons des prés riants et gras de la fer-
tile Normandie. Le voyageur qui parcourt ces pays,

s'arrête souvent pour admirer ces riches et nombreux tapis verts qu'on y rencontre presque à chaque pas.

Aussi le plus petit tertre de gazon, sous le ciel, est un livre plus fort en preuves positives d'une Providence, que celui de Lucrèce en arguments négatifs.

Le lecteur lira avec plaisir ce que l'auteur des *Leçons de la nature* nous dit des prairies.

V. LA PRAIRIE.

Quel spectacle que celui de la nature dans les beaux jours du printemps! et qu'elle est bienfaisante cette main qui, non contente de nous présenter de toutes parts les choses nécessaires à la vie, sème avec profusion la beauté et les charmes autour de nos demeures! Tout plaît dans un paysage, les collines, les vallons, les bois, les vignes, les hameaux, les châteaux, les masures même, les rochers et les ravines; la réunion de ces objets forme un mélange où l'œil s'égare avec délices. Mais, de tous les lieux champêtres que nous parcourons tour à tour, celui où l'on revient le plus souvent et qu'on a le plus de peine à quitter est cet agréable tapis de verdure émaillé de mille fleurs, que foulent les nombreux troupeaux de gros bétail, sur lequel bondit le tendre agneau, et qui est à la fois, pour tous ces êtres destinés au service de l'homme, le lit où ils prennent un doux repos, et une table couverte des mets les plus exquis.

Bois sombres et majestueux, où le sapin lève sa tête altière, où le hêtre déploie le plus agréable feuillage, où les chênes touffus répandent leur ombrage frais; et vous, fleuves, qui roulez vos flots argentés entre des montagnes grisâtres, ne venez point encore vous offrir à mon imagination avide de vos charmes. Ce n'est point vous que j'admire aujourd'hui : c'est la verdure et l'émail des prés qui seront l'objet de mes contemplations. Qu'il est doux de rêver en foulant à ses pieds l'herbe encore trempée de la rosée du matin, en respirant la fraîcheur d'un air pur et tranquille! Ce plaisir est perdu pour vous, enfants de la mollesse. Malheureux! vous abandonnez la moitié de votre vie au sommeil, triste image de la mort!

Que de beautés s'offrent à mes regards, et qu'elles sont diversifiées! Des milliers de végétaux, des millions de créatures vivantes! Celles-ci volent de fleur en fleur, tandis que d'autres rampent, en se traînant dans les sombres labyrinthes de l'herbe épaisse. Infiniment variés dans leurs formes et dans leur parure, tous ces insectes trouvent ici leur nourriture et leurs plaisirs; tous habitent avec nous cette terre; tous, quelque méprisables qu'ils paraissent, sont parfaits; chacun dans son espèce.

Que ton murmure est doux, source limpide, qui coule entre le cresson, le trèfle et la luzerne, dont les fleurs purpurines ou bleues sont agitées par le mouvement de tes petites vagues! Tes bords sont couverts d'herbes entremêlées de fleurs qui, se courbant vers l'onde, y tracent leur image.

Je me penche et je regarde à travers cette forêt d'herbes ondoyantes. Quel doux éclat le soleil répand sur ces diverses nuances de vert! Des plantes délicates s'entrelacent avec l'herbe, et y mêlent leur tendre feuillage; ou bien, élevant orgueilleusement leur tige au-dessus de leurs compagnes, elles étalent des fleurs qui n'ont point de parfum; tandis que l'humble violette croît à l'ombre et répand autour d'elle les plus douces exhalaisons. Au milieu de ces touffes vertes, je vois s'élever la tête radiée de la Pâquerette ou petite marguerite; le blanc et le rose des franges de son diadème relèvent le jaune dont sa tête est colorée. Le Trèfle pourpré, cent variétés de Renoncules et d'Anémones attirent mes regards et méritent que je les fixe un instant. Cueillerai-je ce bouquet bleuâtre, où cinq ou six fleurs de même espèce sont réunies, et se disputent à l'envi la douceur et la fraîcheur des nuances? Ici la Pensée solitaire étale la pourpre et l'or dont elle est embellie; là, s'élevant par-dessus toutes les autres, la grande Consoude balance dans les airs un épi de fleurs rougeâtres, et semble régner sur tout ce qui l'environne.

Des insectes ailés se poursuivent dans l'herbe; tantôt je les perds de vue, au milieu de la verdure; tantôt j'en vois un essaim s'élancer dans les airs, et s'égayer aux rayons du soleil.

Quelle est cette fleur qui se balance près du ruisseau? Que ses couleurs sont vives! qu'elles sont belles!... Je m'approche et ris de mon erreur : un papillon s'envole, et abandonne le brin d'herbe que son

poids faisait fléchir. Ailleurs, j'aperçois un insecte re-
vêtu d'une cuirasse noire, et orné d'ailes brillantes :
il vient en bourdonnant se poser sur la Campanule,
peut-être à côté de sa compagne.

Mais quel autre bourdonnement viens-je d'entendre ?
Pourquoi ces fleurs courbent-elles leurs têtes ?... C'est
une troupe de jeunes abeilles : elles se sont envolées
gaiement de leur lointaine demeure, pour se disperser
dans les jardins et les prairies ; elles amassent le doux
nectar des fleurs, que bientôt elles iront porter dans
leurs cellules. Parmi elles, il n'est point de citoyenne
oisive : elles volent de fleur en fleur, et, en cherchant
leur butin, cachent leur tête velue dans le calice des
fleurs ; ou bien elles pénètrent avec effort dans celles
qui ne sont point encore ouvertes, et qui se referment
ensuite sur l'abeille, comme dans l'Aristoloche dont
nous donnons l'intéressante histoire en parlant de la
fécondation des plantes.

Voyez ce joli scarabée courir sur le gazon. Toutes
les recherches du luxe, tout l'art humain ne peuvent
imiter l'or verdâtre qui couvre ses ailes, où toutes les
couleurs de l'arc-en-ciel viennent se jouer.

Là, sur cette fleur de trèfle, s'est posé un papillon :
il agite ses ailes bigarrées ; il ajuste les plumes brill-
lantes qui composent son aigrette, et semble fier de
ses charmes. Beau papillon, fais plier la fleur qui te
sert de trône ; contemple ta riche parure dans le cristal des eaux.

Oh ! que la nature est belle ! L'herbe et les fleurs
croissent en abondance ; les arbres sont couverts de

feuillage ; le doux zéphyr nous caresse ; les troupeaux
trouvent leur pâture ; les tendres agneaux bêlent, s'é-
battent et se réjouissent de leur existence. Des milliers
de pointes vertes s'élèvent de cette prairie ; et à chaque pointe pend une goutte de rosée. Combien de
Primevères sont ici rassemblées ! Comme les feuilles
s'agitent ! Et quelle harmonie dans les sons que le ros-
signol fait entendre de cette colline ! Tout exprime la
joie, tout l'inspire ; elle règne dans les vallons et sur
les coteaux, sur les arbres et dans les bocages. Oh !
que la nature est belle !

Oui, la nature est belle jusque dans ses moindres
productions ; et celui qui peut demeurer insensible à
la vue de ses charmes, parce qu'en proie à des désirs
tumultueux il ne poursuit que de faux biens, se prive
ainsi des plaisirs les plus purs. Heureux celui dont la
vie champêtre s'écoule dans la jouissance des beautés
de la nature ! Toute la création lui sourit, et la joie
l'accompagne dans quelque lieu qu'il porte ses pas,
sous quelque ombrage qu'il se repose. Le plaisir jaillit
pour lui de chaque source ; il s'exhale de chaque fleur ;
il retentit dans chaque bocage. Heureux celui qui se
plaît dans ces joies innocentes ! son esprit est serein
comme un beau jour d'été ; ses affections sont douces
et pures comme le parfum que les fleurs répandent
autour de lui. Heureux qui dans les beautés de la
nature retrouve le Créateur et se consacre à lui tout
entier !

III.

LA VIE.

« Qu'est-ce donc que la vie? Quelle est cette puissance inconnue dans son essence, qui organise, qui meut, qui répare et perpétue les innombrables créatures qui peuplent la terre et qui embellissent les différents domaines de la nature? Quel est cet être fugitif que nous n'apercevons que dans ses effets, que nous ne pouvons imiter, qui se dérobe sous le scapel, et qui échappe même à l'œil attentif de la pensée. La vie est de tous les mystères de la nature le plus incompréhensible, de toutes les merveilles la plus étonnante. La vie! elle circule dans toutes nos veines, elle coule dans tous les organes des végétaux. Nous la sentons en nous-même, nous la retrouvons dans tous les êtres qui nous environnent; nous la sentons, mais nous ne pouvons la comprendre.

« Qu'on ne dise pas que la vie consiste dans la faculté que possèdent les êtres organiques de développer leurs organes par le moyen de la nutrition, de convertir en leur propre substance les aliments qu'ils reçoivent, ou enfin que la vie existe dans la libre circulation des liquides au milieu de cette foule innombrable de canaux distribués dans toute l'étendue des corps vivants, et dans l'exécution des diverses fonctions qu'ils ont à remplir. Je ne vois là que mouvement, combinaison de matière, changement de substances, déperditions, réparations ; tout cela ne me donne aucune idée de la vie. Je reste froid au milieu des plus grandes merveilles de la création. Mais quand mes yeux se portent sur ces vastes campagnes couvertes de prairies et de moissons, ou sur les fleurs d'un beau parterre, mon regard m'en a plus appris que les plus savantes dissertations. Ici, mon cœur, pour sentir, pour être ému, n'a pas besoin du secours de la science ; j'éprouve un plaisir de sentiment, d'admiration profonde au-dessus de toute définition. » (Jéhan.)

Ainsi la plante est un être organisé. Elle tire sa nourriture de la terre et de l'air, comme les animaux ; mais elle n'est pas, comme eux, douée de la faculté de se mouvoir, c'est-à-dire de changer de place.

La plante est organisée, car elle a des racines, des branches, des fleurs et des feuilles ; il en est pourtant qui n'ont aucun principe de cette organisation, tels que la Truffe, les Varechs, etc.

La plante est organisée, car elle a des vaisseaux de diverses sortes, des fluides circulants, des organes de reproduction ; et elle secrète et absorbe certains principes qu'elle puise dans l'air ou dans la terre.

L'eau, un peu de terre, le carbone et la présence de la lumière constituent la partie solide des Plantes ; la sève, les alcalis, le mucilage, la gomme, la résine, le sucre que leur analyse découvre, sont des combinaisons de l'eau, des oxydes ou terres et l'acide carbonique.

Sans les plantes, la vie ne pourrait exister sur la terre; tous les êtres leur doivent la vie; elles fournissent à la nourriture du règne animal, depuis l'éléphant jusqu'à l'animalcule que le microscope seul fait apercevoir.

La plante est par dessus tout la vraie nourriture de l'homme, puisque c'est d'elle et des animaux qui s'en nourrissent qu'il tire sa subsistance.

La plante sert aussi aux besoins de nos habillements, ameublements et logements.

IV.

NOTIONS PRÉLIMINAIRES.

De toute antiquité on a divisé les corps naturels en trois grands *règnes :*

1° Le règne minéral.

2° Le règne végétal.

3° Le règne animal.

Et Linné en a tracé ainsi les caractères distinctifs :

Les minéraux croissent ;

Les végétaux croissent et vivent ;

Les animaux, croissent, vivent et sentent.

En réalité, ces caractères sont quelquefois peu tranchés, au point qu'il est difficile d'assigner la limite qui sépare le passage d'un règne à l'autre. Certaines plantes ressemblent tellement à des minéraux qu'il faut une grande habileté et une grande expérience pour les distinguer. Il en est de même pour les végétaux et les animaux. Il est certains êtres, tels que les Éponges, les Oscillatoires, les Conferves, dont l'organisation présente des caractères si peu dessinés, qu'on a quelquefois mis en doute auquel de ces deux règnes il convenait de les rapporter.

Aristote a appelé la plante un *animal retourné,*

parce qu'elle n'a point, comme les animaux, un conduit
intestinal parsemé de pores destinés à absorber les
molécules nutritives, mais des pores absorbants situés
à l'extérieur. De plus, les plantes n'ont point de véritable sensibilité ou de véritable circulation. Mais,
comme nous l'avons dit, ces différences, bien sensibles
quand on compare les plantes et les animaux les plus
parfaits, ne le sont pas autant dans les ordres inférieurs.

PREMIÈRE PARTIE.

ORGANES DE LA NUTRITION.

CHAPITRE PREMIER.

DE LA RACINE.

Qu'est-ce que la racine? — Collet. — Support. — Suçoir. — Radicelles ou chevelu. — Mystère proposé par la science elle-même. — Curieux mouvements de la racine. — Ses différents caractères. — Multiplication des plantes. — Merveilleuses expériences sur la direction constante des racines.

La *racine* est la partie de la plante qui s'enfonce dans la terre, et qui, en général, sert à la fixer au sol dans lequel elle puise la sève qui est une sorte d'eau minérale, c'est-à-dire de l'eau qui a dissous une certaine quantité des substances de la terre. Ce n'est pas, en effet, sa position dans la terre, mais son accroissement en sens inverse de celui de la *tige,* qui distingue essentiellement la racine. Il y a des racines qui croissent hors de la terre, de même qu'il y a aussi des tiges souterraines. Quelques plantes développent leurs racines dans l'eau; d'autres, comme le *Gui* et autres plantes parasites, enfoncent les leurs dans l'écorce des végétaux aux dépens desquels elles vivent. Il y en a même qui fixent leurs racines sur d'autres racines.

Les *conferves* (1) n'ont point de racine : la *truffe* également est regardée comme n'ayant point de racines ou comme étant toute racine.

On appelle *collet* la partie qui unit la racine à la tige. Cette partie est si importante qu'un grand nombre de végétaux et même d'arbres périssent quand on les coupe en cet endroit.

La racine est composée de deux parties dont l'une lui sert spécialement de *support* et l'autre de *suçoir* pour absorber sa nourriture. La première qui est la continuation de la tige, est d'une force généralement proportionnée à la grandeur du végétal et porte le nom de *corps;* la seconde composée de fibres ou de filaments déliés, dont toute la surface et surtout l'extrémité sont criblées de corps absorbants, est appelée *chevelu,* parce qu'elle a été comparée aux cheveux pour la finesse et la ténuité; mais ces deux parties ne sont pas tellement distinctes, qu'elles ne puissent se remplacer mutuellement.

Retenons bien que c'est du corps de la racine que naissent les *radicelles* ou le *chevelu.* C'est par les mamelons placés à l'extrémité de ces radicelles que la plante absorbe sa nourriture.

Ainsi, le corps de la racine a sa surface criblée de pores qui lui permettent d'absorber les molécules nutritives; et les fibres, en se répandant au loin dans le

(1) Nom générique de certaines plantes aquatiques et marines, qui sont capillaires, articulaires ou cloisonnées. Autrefois les naturalistes rangeaient quelques espèces de Conferves parmi les animaux imparfaits, mais on s'est assuré depuis que toutes appartiennent au règne végétal.

sol et en s'insinuant même dans les fentes des rochers, servent à fixer la plante, en même temps qu'elles puisent, avec une activité infatigable, les sucs que la terre recèle dans son sein.

Les pores radicaux n'absorbent pas indistinctement tout ce qui se présente à eux. Dieu les a doués d'une espèce de sentiment ou de tact instinctif qui leur fait laisser de côté les matières nuisibles ou inutiles, pour ne prendre que les matières nutritives qui leur conviennent. Un exemple frappant :

Mystère proposé par la science elle-même. — L'illustre chimiste Berzélius (1) défie tous les incrédules qui ne veulent pas croire aux mystères, d'expliquer celui-ci : Comment le Pavot, la Jusquiame, la Ciguë, etc. tirent-ils leurs poisons du même terrain où le Blé, la Pomme de terre, le Haricot, le Pommier ne trouvent que des matériaux salutaires et nourrissants? Dans le même pot à fleurs, vous semez le blé et le poison, le premier vous donne la vie, le second vous donne la mort. Ces résultats merveilleux sont dus à cette force mystérieuse, étrangère à la nature morte que nous nommons *vie, force vitale, force assimilatrice.* Dieu seul connaît le secret de ces transformations successives par lesquelles passent les éléments inorganiques pour constituer la trame des organes des êtres vivants, aussi bien que les nombreux produits qui s'y accumulent sans cesse. Et, comme l'a dit, avec tant de raison, Berzélius, tout cela s'opère, non comme un

(1) Berzélius, *Traité de Chimie,* édit. franç. de 1851, t. V, p. 3.

effet du hasard, mais avec une variété admirable, avec une sagesse extrême, qui montrent que le doigt de Dieu est là. Écoutons-le lui-même :

« Tout ce qui tient à la nature organique annonce un but sage et se distingue comme production d'un ENTENDEMENT SUPÉRIEUR... Cependant plus d'une fois une philosophie bornée a prétendu être profonde en admettant que tout était l'œuvre du *hasard*... mais cette philosophie n'a pas compris que ce qu'elle désigne dans la nature morte, sous le nom de *hasard* est une chose physiquement impossible. Tous les effets naissent des causes, ou sont produits par des forces; ces dernières (semblables aux désirs) tendent à se mettre en activité et à se satisfaire pour arriver à un état de repos qui ne saurait être troublé, et qui ne peut être sujet à quelque chose qui réponde à notre idée du hasard. Nous ne voyons pas comment cette tendance de la matière inorganique à parvenir dans un état de repos et d'indifférence, par le désir de se saturer que possèdent les forces réciproques, sert à la maintenir dans une activité continuelle; mais nous voyons cette régularité calculée dans le mouvement des mondes. Nos recherches nous conduisent tous les jours à de nouvelles connaissances sur la construction admirable des corps organiques, et il sera toujours plus honorable pour nous d'admirer la sagesse que nous ne pouvons suivre, que de vouloir nous élever, avec une arrogance philosophique, et par des raisonnements chétifs, à une connaissance supposée des choses qui seront probablement à jamais hors de la portée de notre entendement. »

Mais revenons à la racine. Nous venons de dire plus haut qu'elle ne prend que les matières nutritives qui lui conviennent : c'est un fait qu'il est facile de constater.

On voit la racine, qui ne se trouve pas dans un endroit convenable, parcourir des trajets longs et tortueux, traverser même des murs épais, en un mot surmonter mille obstacles qu'on croirait invincibles, pour trouver, dans un sol plus convenable et plus favorable, la nourriture propre au végétal. On a vu mainte fois et on voit chaque jour, surtout dans les voies des chemins de fer qui sont bordées de murs, aux abords de chaque station, des murs repoussés ou crevassés par l'expansion lente des racines auxquelles rien ne résiste.

Nous en citerons quelques faits curieux.

On a vu une racine d'acacia, après avoir traversé une cave à la profondeur de vingt-deux mètres, pénétrer dans un puits où elle s'étendit encore. Une rangée d'ormes, dont les racines épuisaient un champ voisin, en avait été séparée par une tranchée profonde ; les nouvelles racines qui se formèrent, arrivées sur le bord du fossé, en suivirent la pente jusqu'au fond, le traversèrent par dessous, puis, remontant le long du bord opposé, envahirent de nouveau le terrain dont on avait voulu les tenir éloignées. Il n'y a point d'obstacles que les racines ne surmontent pour se procurer leur nourriture ; elles se plient, s'enfoncent, se recourbent dans toutes les directions pour trouver un pas-

sage ; et, comme nous l'avons vu, elles percent, minent
et renversent les murailles ; elles s'insinuent dans les
fentes des rochers, et quelquefois parviennent à les faire
éclater. Ce qu'il y a de plus curieux, ce sont les efforts
que les racines font pour arriver au sol lorsqu'elles
sont menacées de périr faute de nourriture.

En voici un bien curieux exemple :

Un Orme avait poussé sur un mur élevé de plus de
deux mètres du sol. Tout alla bien tant que la surface
du mur fournit de la nourriture à la plante ; mais voilà
qu'un jour on s'aperçut que l'arbre dépérissait, et en
même temps on vit l'extrémité d'une racine sortir du
mur et se diriger en toute hâte vers le sol. Déjà,
l'arbre paraissait n'avoir plus que quelques jours à
vivre, lorsque la pointe de la racine toucha la terre.
Alors, chose vraiment merveilleuse ! elle s'y enfonça
vigoureusement, comme si elle eût compris que de
ses efforts dépendait le salut de l'arbre. Bientôt de
forts rameaux se formèrent ; la tige supérieure se des-
sécha. L'arbre avait vaincu !

Ce n'est point par l'effet du hasard que les racines
ont des formes extrêmement variées ; ces formes tiennent au but général de la nature qui est de couvrir de
végétaux toutes les parties du globe terrestre qui diffèrent selon les localités. Ici le terrain est dur ou
pierreux, léger ou sablonneux ; là, sec ou humide ;
ailleurs, exposé aux ardeurs du soleil, ou frappé, sur
les hauteurs, par la violence des vents, par les tourbillons et les tempêtes, ou à l'abri dans le fond
des vallées ; autant de circonstances particulières

qui influent tellement sur la végétation, que celle-ci
ne pourrait réussir, sur ces divers sols, sans une mo-
dification particulière.

Le vulgaire confond souvent les *tubercules* avec
les oignons ou *tubérosités*. La pomme de terre en
est un exemple, car ses tubercules n'ont rien de commun avec les racines. Ce sont des rameaux qui viennent de la tige et qui, en s'écartant sous le sol, se
sont gonflés de fécule.

Il est toujours facile de distinguer les racines de la
tige ou des rameaux, parce qu'elles n'ont jamais de
bourgeons.

Ainsi les plantes destinées à croître sur les rochers
ou parmi les pierres, dans les lieux élevés, seront
pourvues de racines dures, ligneuses, divisées de manière à ce que leurs ramifications puissent pénétrer à
travers les fentes des rochers, et résister aux ouragans
et aux tempêtes. Dans les terres fortes et profondes,
les racines droites, pivotantes, peu rameuses, conviennent davantage aux végétaux qui s'y établissent. Dans
les terrains compacts, peu profonds, les racines sont
traçantes, peu enfoncées, étalées et presque à la surface
du sol. Dans les terrains maigres et sablonneux, elles
sont épaisses, charnues, tubéreuses ou bulbeuses! et
dans les sols humides, elles sont abondantes et che-
velues.

Mais la racine ne se borne pas à fixer la plante et
à lui fournir des sucs nourriciers, elle sert encore à
la débarrasser de ses matériaux inutiles à la multiplier. Ce sont les pores dont elle est munie qui pro-

duisent l'*exhalation,* par laquelle le végétal rejette
hors de lui les débris usés de ses organes ou le résidu
de la nutrition.

Quant à la manière dont la racine sert à la multiplication, elle s'explique aisément par les boutons ou
bourgeons dont elle est parsemée, et dont le développement produit un nouvel individu.

Les plantes sont *annuelles* quand elles ne vivent
qu'une seule année ; *bisannuelles* quand elles peuvent vivre deux années ; *vivaces* quand elles vivent
plusieurs années.

C'est la durée de la racine qui fait celle de la plante.
Dans un grand nombre de végétaux, la vie, pendant
l'hiver, est pour ainsi dire retranchée dans la racine,
qui seule est vivace, tandis que la tige meurt annuellement.

La chaleur aussi influe sur la durée des plantes.
Telle plante qui, comme le Ricin, vit plusieurs années
dans les pays chauds, n'en vit qu'une chez nous. D'autres, comme la Bette, annuelles ou bisannuelles, sous
notre climat, deviennent vivaces dans les climats voisins de l'Équateur.

La racine présente une foule de caractères différents, quelquefois très bizarres. Leur structure fournit
de bons moyens de distinguer les végétaux.

La racine est *charnue,* quand elle est grosse et
tendre, comme dans la Carotte, la Betterave, etc.

Elle est *ligneuse* quand elle est dure comme le bois ;
ex. le Chêne, le Peuplier, etc.

Elle est *pivotante,* quand elle est conique, et s'en-

fonce verticalement dans la terre, comme la carotte
(fig. 2).

Elle est *fibreuse,* si elle se compose d'un grand
nombre de filaments déliés, attachés à un centre

Fig. 2. — Raifort noir long (*Raphanus sativus niger*), racine pivotante.

commun plus ou moins solide, comme dans le Froment, le Fraisier, etc. (fig. 3).

Elle est *tubéreuse,* si elle est grosse, charnue et non
fibreuse; ex. la Pomme de terre, la Patate, etc.
(fig. 4).

Elle est *bulbeuse*, si elle est formée d'écailles charnues, placées les unes sur les autres, comme dans l'oignon, le lis, la tulipe. Cependant l'oignon ou bulbe,
n'est point une racine, c'est un véritable bourgeon
formé par la base des feuilles. La vraie racine des
plantes bulbeuses consiste dans le plateau qui porte la
bulbe, et dans les radicelles qui en naissent.

Fig. 8. — Chou-rave (*Brassica rapa*), racine fibreuse.

La racine est *simple,* quand elle n'a qu'un seul
corps, comme la Rave, le Panais.

Elle est *composée* ou *rameuse,* quand elle en a plusieurs : le Chêne, l'Orme.

Disons, pour en finir, que la *forme* des racines est extrêmement variée : elle est fusiforme, conique, arrondie, noueuse, fasciculée ou en faisceau, napiforme ou en
toupie, didyme ou formée par la réunion de deux tubercules, bulbifère quand elle est surmontée par une bulbe.

Multiplication des plantes. — Presque toutes les

parties des végétaux, mises en terre, peuvent produire
des racines. La multiplication des plantes par boutures
(voir ce mot) en offre un exemple journalier. Quelques
feuilles même, comme celle de l'oranger, plantées par

Fig. 4. — Pomme de terre, racine tubéreuse.

leur base, peuvent s'enraciner. On sait que les branches du Figuier des pagodes (*Ficus indica*) qui tombent
jusqu'à terre, y prennent racine, et un seul arbre suffit
pour former de superbes arcades de verdure. — C'est
par la pointe que quelques fougères s'enracinent de la
sorte.

Il peut même arriver qu'un jeune arbre, planté la tête en bas, prenne racine par ses branches ; et ces racines changées en rameaux se couvrent de feuilles.

Les racines ne sont pas toujours en rapport ou en proportion avec les branches. C'est ainsi que la Luzerne, malgré son peu d'élévation, a des racines de dix pieds de long ; tandis que les Pins et les Palmiers, dont la cime s'élève dans les nues, n'en ont que de peu considérables.

Dans un terrain très meuble, les racines s'allongent très vite ; et dans l'eau elles se divisent à l'infini. Ces racines sont appelées *queue de renard*, lorsqu'elles deviennent ainsi filamenteuses dans des canaux où elles ont pénétré et dont leur masse prend la forme.

Un simple fragment de racine suffit parfois pour multiplier certaines plantes. C'est là la raison pour laquelle le cultivateur a tant de peine à détruire le Chiendent et le Liseron des champs, qui sont les fléaux des jardins. — Tout le monde sait qu'un seul œil de pomme de terre suffit pour multiplier ce précieux végétal.

Merveille que présente la direction constante des racines. — Si vous observez les plantes adultes, depuis les herbes les plus modestes jusqu'aux arbres les plus élevés, vous constaterez que toutes ont une position verticale, que toutes sont disposées dans le prolongement d'un rayon terrestre, soit qu'elles croissent sur un terrain plat, soit qu'elles aient poussé sur la pente d'un talus, d'une colline ou d'une montagne. Dans les Vosges, où les flancs des montagnes sont très abruptes on voit les Sapins former avec la surface sur

laquelle ils sont implan-
tés un angle supérieur
tellement aigu, qu'on se
demande comment ils
peuvent tenir dans une
semblable position.

La propriété que
manifestent toutes les
plantes, de diriger leur
axe longitudinal vers le
centre de la terre a reçu,
depuis longtemps, le
nom de *géotropisme*
(γῆ, terre, et τρέπειν, se
diriger vers).

A peine ce phéno-
mène fut-il constaté,
qu'on se préoccupa d'en
chercher la cause et
qu'on songea à le mettre
sur le compte de la pe-
santeur. On compara
donc une plante qui croît
à la surface de la terre
à une pierre qui, aban-
donnée dans l'air, tombe
sur le sol suivant une ligne perpendiculaire à la

Fig. 5. — Jacinthe d'Orient.

surface de la terre. Comme on attribue à la pesan-

teur la direction suivie par la pierre, on met aussi sur
son compte la direction verticale que prennent toutes
les plantes en voie de développement.

Cette direction constante des racines vers le centre de la terre, celle des tiges vers le ciel, cette sé-
paration en sens opposé qui s'établit au nœud vital
entre des organes d'ailleurs assez semblables, est un
de ces phénomènes dont on n'a pu jusqu'ici donner
aucune explication satisfaisante. Un célèbre physi-
cien anglais, Knight, en 1806, a voulu s'assurer par
l'expérience, si cette tendance ne serait pas détruite
par le mouvement rapide et circulaire imprimé à des
graines germantes. Il fixa des graines de haricot dans
les augets d'une roue mue continuellement par un filet
d'eau dans un plan vertical, cette roue faisant cent cinquante révolutions en une minute. Toutes les radicules
se dirigèrent vers la circonférence de la roue, et toutes
les gemmules vers son centre. Une expérience analogue faite avec une roue mue horizontalement, et
faisant deux cent cinquante révolutions par minute,
amena des résultats semblables; toutes les radicules se
portèrent vers la circonférence, et les gemmules vers
le centre. Dutrochet ayant répété la même expérience, obtint les mêmes résultats. De ces expériences
on a conclu que les racines se dirigent vers le centre
de la terre par un mouvement spontané, une force
intérieure, une sorte de soumission aux lois générales
de la gravitation.

Malgré la généralité de cette loi, la plupart des
plantes parasites semblent s'y soustraire : tel est,

par exemple, le *Gui,* qui croît horizontalement, la-
téralement, perpendiculairement, en un mot dans
toutes les directions, autour de la branche sur laquelle sa graine s'est développée.

CHAPITRE II.

LA TIGE.

On nomme *tige* l'opposé de la racine, c'est-à-dire
la partie du végétal qui vit dans l'air.

Comme nous l'avons vu, la racine tend généralement à s'enfoncer vers le centre de la terre ; la *tige*,
au contraire, croît en sens inverse et cherche l'air et
la lumière. Elle est le soutien de toutes les autres
parties du végétal et s'élève vers le ciel, en partant
du *collet* de la racine. Celui qui ne médite pas sur
les phénomènes naturels, se persuade avec peine, par
exemple, qu'il existe un mystère profond dans l'ascension des tiges des végétaux et dans la progression
descendante de leurs racines ; ce phénomène, cependant, est un des plus curieux parmi ceux que nous

offre la vie végétale. On reconnaît généralement que c'est l'action de la lumière qui produit la direction des tiges et de la face supérieure des feuilles et des fleurs vers le lieu d'où cette lumière arrive ; que c'est la gravitation et le besoin de fuir la lumière qui provoquent le mouvement descendant des racines, portent la surface inférieure des feuilles et des fleurs à s'éloigner du lieu d'où la lumière émane. Mais pourquoi en est-il ainsi? La cause nous en est tout à fait inconnue ou, pour mieux dire, elle gît dans la volonté du Créateur.

Les plantes qui ne reçoivent la lumière que d'un côté se dirigent, s'allongent plus particulièrement de ce côté. C'est un phénomène qu'il est facile d'observer dans les serres ou sur la lisière des bois et des forêts.

Si dans une cave, on pratique deux soupiraux, l'un ouvert à l'air, mais sans que la lumière puisse y pénétrer ; l'autre fermé avec des verres et n'admettant que la lumière seule ; c'est toujours vers ce dernier que se dirigent les plantes placées dans cette cave.

Qu'on nous permette une réflexion philosophique sur cette tendance des végétaux vers la lumière.

Nous avions mis dans une cave assez longue des pommes de terre en tas. Au printemps, les *yeux* se développèrent, et les tiges blanches, comme on le sait, se dirigèrent toutes vers la lumière pénétrant par une ouverture. Chaque jour, je les voyais se hâter et s'allonger pour atteindre le but, et presque toutes arrivèrent : une seule était restée en route, et lorsque je la pris pour me rendre compte de cet arrêt, je

m'aperçus qu'elle était vide! Que d'ambitions restent
ainsi en chemin, dans la terrible lutte de la vie, sans
avoir pu atteindre la place ou la position tant convoitée!

C'est la tige qui produit et soutient les branches,
les rameaux, les feuilles, les fleurs et les fruits.

Les tiges varient dans leur forme, suivant que la
situation ou la constitution de chaque espèce de végétal l'exigent. Si les plantes qui vivent dans un air
pur et vif, ont un tronc droit et robuste qui porte
leur cime jusque dans les nues, celles qui respirent
un air humide voient leur tige se courber vers la terre
et s'élever peu; celles qui servent à couvrir les rochers, ou qui enguirlandent les autres arbres ou pendent en festons de leurs rameaux, ont des tiges souples, grêles et constituées de manière à embrasser,
par leurs circonvolutions, le tronc des grands arbres,
et s'y cramponner par des vrilles ou par de petites
racines sorties de leurs articulations.

Quant aux plantes qui rampent sur la terre ou qui
se glissent dans les broussailles, elles sont pourvues
de tiges longues, flexueuses, traînantes et toujours
attachées au sol qui les nourrit; en un mot, les tiges
sont longues ou courtes, droites ou rampantes, selon les
fonctions qu'elles ont à remplir et selon la partie de
l'air qui leur est le plus favorable.

Singularité remarquable de la Joubarbe. — Cette
plante croît parmi les rochers, sur les rivages de la
Méditerranée, mais elle produit des branches ou petites tiges secondaires, qui, après s'être écartées de la
tige principale, un peu au-dessus du sol, se courbent

vers la terre, y jettent des racines, puis se redressent pour croître et fleurir.

Il y a des plantes qui paraissent ne pas avoir de tige : on les appelle *acaules :* telles sont la *Jacinthe*, la *Primevère*, etc.; alors les feuilles et les fleurs naissent de la racine même.

On nomme *hampe* un pédoncule qui part du collet de la racine, qui ne porte pas de feuilles, mais une ou plusieurs fleurs : ex. le *Pissenlit*.

La tige qui, au premier coup d'œil, paraît manquer dans certaines plantes, n'est que rabougrie, et la preuve, c'est qu'elle se développe par la culture dans un sol plus riche : ex. *Carduus acaulis*, — *Gentiana acaulis*.

Dans plusieurs *Cactiers*, la tige n'est pas distincte des feuilles; et un même organe représente l'une et les autres.

La tige a deux parties bien distinctes; l'une, extérieure, généralement mince, s'appelle l'*écorce;* l'autre, intérieure, dont la structure varie beaucoup selon les espèces, forme le *corps de la tige*.

L'écorce sert de peau au végétal : elle se compose de plusieurs couches dont la plus extérieure est nommée *cuticule,* et s'étend à la surface de tous les organes exposés au contact de l'air, tels que les feuilles, les fleurs, etc.

La partie interne de la tige est formée des vaisseaux *séveux*, des *trachées* et des *rameaux* destinés à rejeter au dehors certains produits, tels que la gomme, la résine, etc.

La structure, la consistance, la forme, la direction et la surface de la tige, offrent un grand nombre de modifications qui ont permis d'en distinguer de plusieurs formes :

1º Sous le rapport de la structure, on distingue :

Le *tronc,* qui est ligneux, allongé et conique ; ex. le *Chêne,* le *Peuplier,* l'*Oranger,* etc. Le tronc appartient aux arbres dicotylédones, c'est-à-dire dont la graine est divisée en deux parties ou *cotylédons.*

Le *stipe,* qui est une espèce de colonne cylindrique, aussi grosse au sommet qu'à la base. — Le stipe est particulier aux arbres *monocotylédones,* c'est-à-dire dont la graine est indivisible en deux parties, tels que les *Palmiers,* les *Cycas,* etc. Il est également formé d'une sorte de colonne cylindrique aussi grosse au sommet qu'à la base et couronnée par un bouquet de feuilles, d'où partent les pédoncules des fleurs.

Le *chaume,* qui est *fistuleux* ou creux intérieurement, et marqué de distance en distance de nœuds et de cloisons ; de ces nœuds partent des feuilles alternes et engainantes ; ex. le *Blé,* l'*Avoine,* les *Joncs,* les *Roseaux,* le *Maïs,* etc.

La *Souche,* qui est souterraine et horizontale, tels que l'*Iris,* le *Sceau de Salomon.*

La tige proprement dite est celle qui n'est ni tronc, ni stipe, ni chaume, ni souche, et par conséquent ne peut être rapportée à aucune des quatre espèces que nous venons de mentionner.

2º D'après la consistance de la tige,

On appelle *herbes* les plantes dont la tige est

molle et meurt chaque année après avoir porté des fleurs et des graines (les céréales) (fig. 6 et 7).

Sous-Arbrisseau, celle dont la tige est ligneuse et

Fig. 6. — Maïs cultivé (*Zea mays*). Plante monoïque.

persistante, tandis que ses rameaux se renouvellent tous les ans (le *Thym*, la *Sauge*);

Arbrisseau, celle dont la tige est ligneuse et se ramifie dès sa base (le *Noisetier*, le *Lilas*).

Un *Arbre* est une plante dont la tige est ligneuse,

simple à sa base et divisée seulement à une certaine hauteur (le *Chêne*, l'*Orme*).

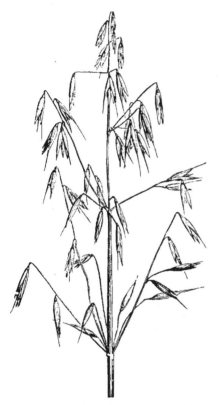

Fig. 7. — Avoine cultivée (*Avena sativa*). panicule.

Avoine. Fleur dépouillée de sa balle externe.

3° Quant à sa forme, la tige est *cylindrique* ou *ronde* (le *Pin*, le *Lin; comprimée* ou *aplatie; anguleuse,* marquée de côtes saillantes (la *Sauge*, la *Menthe*) ; *noueuse* ou *renflée* de distance en distance (le *Maïs,* l'*Avoine*) ; *sarmenteuse*, quand elle est armée de *vrilles* ou *mains* pour se soutenir (la *Vigne*) ; *grimpante*, quand elle s'élève en se fixant aux corps

Fig. 8. — Froment.   Froment. Portion   Froment. Épi
Graine germant.   de chaume.   composé.

environnants par des espèces de racines (le *Lierre*) ; *volubile* ou *spirale*, quand elle grimpe en s'entortillant autour d'un support (le *Haricot*, le *Chèvrefeuille*).

Les spirales que certaines plantes décrivent autour
des corps qu'elles embrassent en s'élevant, sont constamment dans le même sens pour chaque espèce : les
unes se dirigent toujours de droite à gauche, les autres de gauche à droite, sans que rien puisse changer
cette direction.— O mystère! !—Plusieurs de ces plantes grimpantes, quand elles manquent de supports et
qu'elles croissent l'une près de l'autre, s'entrelacent,
se tordent ensemble, et s'élèvent ainsi en se prêtant
un mutuel soutien.

4ᵉ Par rapport à la direction, la tige est *dressée* ou
verticale (*Campanule, Lin*); *rampante* dans la *Mam-
mulaire.*

Surface des tiges. — Si on examine la surface de la
tige, on voit qu'elle varie du tout au tout. Ainsi on
dit qu'elle est *glabre,* quand elle n'a pas de poils (la
Pervenche); *pubescente,* quand elle en est garnie,
comme dans la *Grande Consoude* ou *Oreille d'âne,* si
commune dans nos prairies; *épineuse,* quand elle
a des épines (le *Prunelier*); *aiguillonnée,* quand elle
a des aiguillons : notre rosier en est un exemple
frappant.

Port des tiges. — Il n'y a pas moins d'élégance
que de variété dans le *port* de la plupart des tiges : les
unes sont lisses, cylindriques, pyramidales; les autres
creusées par de profondes cannelures, ou torses, anguleuses, quadrangulaires; d'autres divisées et forti-
fiées par des nœuds habilement ménagés. Les unes,
fières de leurs forces, bravent, par leur masse colossale, l'impétuosité des tempêtes; d'autres semblent y

céder par leur souplesse ; elles se courbent, mais pour
se relever triomphantes :

Je plie et ne romps pas,

a dit le bon la Fontaine, dans sa belle fable *le Chêne
et le Roseau.*

Presque toutes les tiges fournissent aux arts les
modèles de la plus élégante comme de la plus majestueuse architecture. Celle-ci y trouve ses plus riches
ornements et cette variété de formes propres aux divers genres de construction. Les pampres de la *Vigne*
s'étendent en guirlandes sur les entablements ; les
amples feuilles de l'*Acanthe,* quelquefois celles du
Dattier, couronnent les belles colonnes de l'ordre co-
rinthien.

Ainsi l'art se perfectionne et s'embellit par l'obser-
vation de la nature.

Usage des tiges. — Les usages de la tige sont assez
bornés : elle sert surtout de support aux feuilles, aux
bourgeons et aux organes de la reproduction, et en
même temps, elle nourrit la plante et sert à la multiplier ; mais les services qu'elle rend à l'économie
domestique sont infinis. C'est ainsi que la tige des arbres fournit le bois de charpente, les herbes font une
des bases de la nourriture de nos bestiaux ; le santal,
le campêche, etc., s'emploient journellement dans la
teinture ; nous tirons de la canne à sucre le sucre du
commerce ; enfin la médecine fait un usage du quinquina, la tannerie de l'écorce du chêne, etc., etc.

STRUCTURE DES TIGES.

Les tiges des plantes dicotylédones et celles des monocotylédones sont loin d'avoir la même structure, et elles offrent de grandes différences.

§ I. — DICOTYLÉDONES.

Si on coupe transversalement le tronc d'un arbre dicotylédone, on y distingue du premier coup d'œil trois parties distinctes : l'*écorce*, le *ligneux* et la *moelle* qui occupe le centre.

L'écorce est recouverte par l'*épiderme*, sorte de membrane poreuse formée par les parois extérieures du tissu cellulaire, dont il n'est vraiment pas distinct. Cet épiderme se renouvelle très vite sur les jeunes arbres. Dans la vieillesse, il se détache par *plaques*, comme sur le *Platane*, surtout pendant les hivers rigoureux ; par *lambeaux*, comme dans le *Bouleau*, ou bien il se réduit en poussière.

Le *liège* n'est qu'un épiderme très épais formé de plusieurs couches de cellules.

L'épiderme est une des parties les moins altérables du végétal ; c'est une substance analogue à la cire qui l'enduit et le protège contre l'humidité.

Par lui-même, l'épiderme est incolore et transparent ; ses couleurs apparentes sont dues aux substances variées qu'il recouvre.

Au-dessous de l'épiderme, on trouve le *tissu herbacé*. — C'est un tissu cellulaire plus ou moins régulier, qui contient dans ses cavités une substance ordinairement verte dans les parties encore jeunes qui reçoivent l'influence de la lumière. Il enveloppe les tiges, les rameaux, se retrouve dans l'intervalle des nervures des feuilles et s'étend même jusque sur les racines.

La superficie raboteuse des vieux troncs est formée par les couches extérieures de ce tissu, crevassées et désorganisées; mais il se renouvelle au-dessous à mesure qu'il se détruit ainsi par l'accroissement de l'arbre.

Les *couches corticales* viennent ensuite. Ces couches s'enveloppent l'une l'autre : elles sont formées de petits tubes ou cellules allongées et disposées en réseau.

Les habitants des îles Malouines se parent des couches corticales du Lagette, après les avoir séparées, parce que chacune ressemble à une sorte de dentelle ou de gaze.

Le *liber* forme les couches intérieures et encore tendres de l'écorce. On lui donne ce nom parce qu'on peut le séparer en feuillets semblables à ceux d'un livre.

Les anciens se servaient du liber du *Tilleul* pour écrire et transmettre leurs pensées.

Le liber est la partie la plus vivante du végétal. C'est par lui que se fait tout accroissement. Toute couche, soit du corps cortical, soit du corps ligneux, a d'abord été liber. Il est le principe de toute nou-

velle production : aussi est-ce par lui que se fait la
cicatrice des plaies et la soudure des greffes.

L'*aubier* est la partie extérieure et la moins dure
du corps ligneux ; il ne diffère du liber que par un
tissu plus serré.

Le *bois* proprement dit vient ensuite ; il s'étend depuis l'aubier jusqu'à la moelle. Sa structure est plus
ferme, plus compacte, et sa dureté augmente à mesure
qu'il approche du centre.

Chose remarquable : l'aubier et le bois sont souvent
d'une couleur toute différente. Dans l'*Ébène,* par
exemple, l'aubier est blanc et le bois noir.

Comme l'écorce, le bois et l'aubier sont formés de
couches superposées. Si l'on coupe une tige transversalement, elles apparaissent sous la forme de cercles
concentriques. Chacune de ces couches est elle-même
formée de plusieurs *lames* qu'on voit quelquefois se
séparer dans le bois pourri.

La *moelle* est formée par un tissu cellulaire, lâche,
régulier et transparent. Elle durcit à mesure que la
tige vieillit et, dans les vieux troncs, on la distingue à
peine.

La moelle descend de la tige jusque dans la racine,
mais elle ne pénètre que peu avant dans son corps, et
on ne la voit jamais dans ses divisions.

Accroissement des tiges dicotylédones.

Le corps ligneux d'un arbre, d'après ce que nous
venons de dire de sa structure, peut être considéré

comme composé d'un plus ou moins grand nombre d'étuis coniques, qui s'emboîtent les uns dans les autres. Le *liber* n'est qu'un nouvel étui de ce genre qui se forme chaque année entre l'écorce et l'aubier.

Tout le travail pour l'accroissement de l'arbre en grosseur, a lieu à ce point intermédiaire entre le corps ligneux et le corps cortical. Tant que dure la végétation, un fluide particulier, qu'on désigne sous le nom de *cambium*, suinte entre ces deux corps, et y forme de nouvelles lames de liber. La portion de ce nouveau liber, la plus voisine de l'aubier, en prend par degrés la consistance, s'unit intimement à lui, en fait bientôt partie, et, comme lui, deviendra bois par la suite. Une autre portion reste jointe à l'écorce. Le cambium s'épanchant de nouveau l'année suivante, produira un autre liber entre la couche corticale et le jeune aubier, formé du liber de l'année précédente. Ainsi le corps ligneux croît à sa partie extérieure, et l'écorce intérieurement. Les plus vieilles couches du bois appelées *cœur du bois,* sont centrales, celles de l'écorce sont externes.

L'intervalle qu'on observe entre ces couches est dû au repos de la végétation pendant l'hiver.

Ces couches successives du corps ligneux permettent de juger de l'âge d'un arbre d'une manière presque sûre ; mais ce travail n'est pas toujours rigoureusement exact. Par suite des variations atmosphériques, la couche d'une année peut, dans un arbre languissant, ne se former qu'imparfaitement, et rester indistincte ;

celle d'une autre année pourra être double, si le travail de la végétation, déjà dans toute son activité,
est arrêté par un froid tardif, pour recommencer ensuite.

Les ouvriers qui travaillent le bois connaissent bien
ce fait.

Déjà, en 1581, Michel Montaigne écrivait ceci :

« J'achetai une canne d'Inde pour m'appuyer en
marchant... L'artiste, homme habile et renommé pour
la fabrique des instruments mathématiques, m'apprit
que tous les arbres ont intérieurement autant de cercles et de tours qu'ils ont d'années. Il me les fit voir
à toutes les espèces de bois qu'il avait dans sa bouti-
que; car il est menuisier. La partie du bois, tournée
vers le septentrion ou le nord, est plus étroite, a les
cercles plus serrés et plus épais que l'autre. Aussi
quelque bois qu'on lui porte, il se vante de pouvoir
juger quel âge avait l'arbre et dans quelle situation
il était. »

Un arbre peut donc devenir ainsi un calendrier
indiquant les années passées, et par conséquent rétros-
pectif.

L'expérience suivante prouve la conversion du liber
en aubier et de l'aubier en bois. Si on passe des fils de
métal entre le liber et l'aubier, ces fils se trouvent
bientôt engagés dans celui-ci, et, par la suite, dans le
bois. S'ils n'ont pénétré qu'entre la vieille écorce et
le liber, ils seront au contraire repoussés à l'extérieur,
et enfin rejetés.

Le liber, une fois converti en aubier, n'est plus

susceptible de croître. Le bois va toujours se durcis-
sant, et à mesure qu'il durcit, il perd de sa vitalité.
Les parois de ses cellules et de ses vaisseaux s'épaississent et finissent par se remplir de matières concrè-
tes. La partie centrale d'un vieux tronc est un corps
inerte, de même que les couches extérieures et crevassées de son écorce. Il ne vit plus au centre, ni au dehors ; sa vie est concentrée à sa partie moyenne, autour
de son liber. Qui n'a vu de vieux saules creux, dans
les prairies ou sur le bord des rivières ou des ruisseaux,
végéter avec force, quoique réduits à leur écorce, à
peine soutenu de quelques couches ligneuses.

Incisions faites aux arbres.

Si, sur des troncs d'arbres, on fait des incisions
assez profondes pour atteindre le bois, elles subsistent
à peu près dans leurs formes jusqu'à la mort de la
plante. Ces incisions se retrouvent plus tard à l'intérieur, après que le tissu végétal s'est accru tout autour.

Plusieurs fois les populations ont été frappées de
terreur en découvrant dans l'intérieur des arbres des
signes cabalistiques.

On sait, qu'en effet, les anciens avaient une divination qui se pratiquait par le moyen de quelques mor-
ceaux de bois. Ils croyaient les forêts habitées par des
divinités bizarres ; et dans les pays superstitieux, on
y redoute encore les Lutins. — Les Kamstchadales
disent que les bois sont pleins d'esprits malicieux.

Ces esprits ont des enfants qui pleurent sans cesse pour attirer les voyageurs, qu'ils égarent ensuite, et à qui ils ôtent quelquefois la raison. — Enfin, c'est généralement dans les bois que les sorciers font le sabbat.

Le peuple, frappé du merveilleux, ne cherche pas à approfondir l'objet de sa superstition qu'il porte jusqu'à l'enthousiasme. Ces figures singulières et étranges trouvées dans l'extérieur du bois, dépendent souvent du jeu de la nature, mais elles prennent alors un sens que l'imagination suggère et amplifie.

On cite plusieurs faits de ce genre relatés dans l'histoire de l'Académie des Sciences, année 1777.

En 1674, en coupant un chêne longitudinalement, on y découvrit une étoile à six rayons.

A Hanovre, en fendant un *Hêtre*, on trouva plusieurs majuscules romaines entre l'écorce et le cœur de l'arbre.

En 1688, un bûcheron trouva également dans un hêtre, entre les couches ligneuses de l'arbre, qui s'était partagé de lui-même, sous les coups de sa cognée, la *figure d'un pendu*, parfaitement visible sur chacun des deux côtés. La figure du pendu, la potence, la corde, rien n'y manquait; et ce qu'il y eut de plus extraordinaire, c'est qu'on découvrit l'échelle dans une autre portion de la bûche.

Dans la Basse-Saxe, sur le territoire de l'évêché de Hildesheim, dans un lieu nommé Gibbesen, en fendant le tronc d'un hêtre, on vit tout à coup la lettre H surmontée d'une croix.

En Hollande, en sciant un arbre, on aperçut la figure d'un calice, d'où sortait une épée avec une couronne dessus, et au pied du calice, le nombre 177...
année probable où on aura tracé ce dessin.

Dans la propriété du duc de Croy, on trouva une
croix au milieu d'un hêtre.

En débitant une bûche de hêtre pour faire des boutons, le bois se fendit dans un endroit particulier, et
on vit à une profondeur de $0^m,05$, sur chacune des
faces la figure d'une croix avec son pied, et au-dessous, deux os croisés en sautoir, des larmes, une
pique, etc.

En 1755, à Landshuth, en Bavière, on vit, en coupant un hêtre, les lettres X. J. C. H. M, avec la date
1737. Cet intervalle de dix-neuf ans était indiqué par
dix-neuf couches concentriques depuis l'écorce jusqu'au dessin.

En 1777, on abattit en automne, dans la forêt de
Hochberg, dans le duché de Bade, un hêtre qui mit à
découvert dans les couches ligneuses, lorsqu'on le
sépara pour le chauffage, les lettres F. W. et l'année
1701. Depuis l'écorce jusqu'au dessin, on compte
soixante-quinze couches, ce qui était bien l'âge de
l'arbre.

Si vous visitez le Muséum d'histoire naturelle de
Paris, vous verrez une coupe d'un tronc de hêtre qui
porte dans son épaisseur la date de 1750. On a abattu
cet arbre en 1805 et l'on compte quarante-cinq couches
entre ces deux dates.

Le lecteur s'est peut-être déjà demandé pourquoi

ces signes se trouvent plutôt sur le hêtre que sur d'autres arbres : en voici la raison.

Le Hêtre est un arbre très dur, à écorce lisse et fine,

Fig. 9. — Hêtre commun.

qui permet facilement toute sorte d'inscription. Qui n'a vu, dans n'importe quelle forêt, des noms ou des chiffres gravés sur les troncs? Ces dessins finissent par disparaître dans l'intérieur du ligneux à mesure que l'arbre croît (fig. 9).

§ II. — MONOCOTYLÉDONES.

La tige des arbres monocotylédones, tel que les palmiers, qu'on désigne sous le nom particulier de *stipe,* ne se ramifie point ordinairement. Les feuilles, réunies en faisceau à son sommet, lui forment une couronne élégante, au-dessous de laquelle naissent les fleurs.

On ne voit sur la coupe transversale de cette espèce de tige, ni écorce distincte, ni couches concentriques, ni rayons médullaires. Le bois est disposé en filets longitudinaux distribués d'une manière plus ou moins symétrique dans un tissu cellulaire abondant, mais ne présentant jamais de direction tout à fait latérale, et ne s'unissant entre eux que de loin en loin. C'est dans ces filets que se trouvent les trachées et autres vaisseaux séveux. Ils s'épaississent et se durcissent avec l'âge. De nouveaux filets se forment en outre à la partie centrale. Le tissu le plus solide et le plus ancien, qui est à l'intérieur dans les tiges dicotylédones, est au contraire à la circonférence du stipe des monocotylédones, et s'oppose à l'accroissement en grosseur, qui n'a point lieu dans cette espèce de tige une fois formée.

Dans les vieux palmiers, le tissu cellulaire se dessèche, et finit par se convertir en une substance amylacée. C'est à ce phénomène, remarquable surtout dans le *Sagoutier,* que nous devons le *Sagou.*

Le *chaume* de nos céréales, espèce de tige propre

aux graminées, se distingue par ses nœuds solides, dont les intervalles sont creux, et de chacun desquels naît une feuille engaînante. La cavité de ces nœuds, qui n'existe point dans la première jeunesse, n'est qu'une sorte de lacune qui se forme pendant l'accroissement, par le déchirement du tissu cellulaire.

Ces tiges, malgré leur faiblesse apparente, offrent une si grande résistance, que leur forme a servi de modèle pour certaines de nos constructions. Ce chaume, malgré le peu de matière qui le compose, est de la plus grande solidité. Les physiciens et les géomètres ont fait voir que son canal central et les diaphragmes qui le divisent de distance en distance sont indispensables pour que l'*Épi* puisse être porté par une tige aussi frêle.

Robert Stephenson a peut-être puisé dans ce fait l'invention de ses ponts tubulaires. Il en est un bien remarquable en Angleterre : c'est celui de Meney. Il se compose de trois piles, placées à 140 mètres l'une de l'autre, et qui supportent deux poutres tubulaires pour la double voie ferrée. Ce pont est établi sur un bras de mer de 460 mètres de largeur. (*La Vie des Plantes,* 94.)

Certains arbres n'acquièrent une hauteur et un diamètre considérables qu'après des années et même des siècles ; tel est, entre autres, le Chêne ; d'autres, au contraire, comme le Peuplier, grandissent dans un temps relativement fort court. La Vigne, le Houblon, plantes sarmenteuses, croissent rapidement ; mais au-

cune ne s'allonge avec autant de vitesse que l'Agave
américaine, qui, en quarante jours monte à plus de
dix mètres de hauteur. Dans nos forêts, les arbres
n'atteignent guère que 45 à 50 mètres. Il en est autrement dans d'autres pays. Au rapport de M. de Humboldt, les tiges élancées et lisses du *Palmier jagua*
atteignent jusqu'à 170 pieds. Peyron attribue à quelques *Eucalyptus* de la Nouvelle-Hollande, une circonférence de 25 à 36 pieds et une hauteur de 180
pieds.

Un palmier de l'île de Ceylan, le *Corypha umbra-
culifera* a des feuilles de quatre mètres de long, sans
le pétiole, avec un périmètre de seize mètres, qui se
développe comme un dais et peut couvrir à la fois du
soleil ou de la pluie six personnes assises autour
d'une table. Il sert de parasol et pour la toiture des
maisons.

Sur les rives de l'Ohio, notre Platane présente
parfois un tronc de 16 mètres de périmètre sur 6 à
8 mètres d'élévation.

Au Mexique, le *Schubertia disticha* atteint 39 mètres de périmètre. Il est souvent entouré de plusieurs
autres arbres de son espèce, qui ont 3 mètres d'épaisseur.

Les arbres ou végétaux qui, dans toutes les régions
connues, atteignent les plus grandes dimensions, sont
les *Courbarils*, les *Figuiers intertropicaux*, les *Acacias*, les *Caesalpiniers*, les *Bambous*, l'*Acajou-planche*,
dont on tire des planches de 3 mètres de large, et
de près 12 de long, l'*If*, le *Châtaignier*, et souvent

l'*Orme* et le *Chêne*. Le *Platane* de Mutius, dont parle
Pline, le Châtaignier de l'Etna, sont des exemples
d'un accroissement vraiment prodigieux. Ce dernier
présente dans son tronc une sorte de caverne végé-
tante de 40 pieds de diamètre.

Le *Ficus racemosa,* des côtes du Malabar, atteint
jusqu'à six mètres de diamètre.

Les indigènes du Congo construisent, avec les
troncs du *Bombax Ceïba,* des canots d'une seule pièce,
ayant 20 mètres de long sur 4 de large. Ils portent
deux cents hommes et 25 tonneaux de charge.

La naissance de ces arbres colossaux, de ces géants
des plantes, doit remonter à des siècles !

Le règne végétal nous présente les extrêmes de la
faiblesse et de la force, de la petitesse et de la grandeur.
Tous les degrés s'y rencontrent depuis le *Byssus flo-
cosa,* qui se fond, pour ainsi dire, au moindre contact,
jusqu'à la dureté presque métallique du bois de *Gayac,*
et surtout du *bois de fer,* avec lequel les sauvages se
font des armes redoutables.

Le *Byssus pulverulens,* les *Lichens crustacés,* qui
font à peine tache sur les rochers, n'ont qu'une hauteur minime, tandis que le *Cèdre du Liban,* le *Pin du
Chili,* le *Pin Laricio,* les *Tulipiers,* etc., élèvent,
comme nous l'avons vu, leur tige majestueuse jusqu'à 150 et 160 pieds et même plus.

Si de ces géants des forêts, nous descendons jusqu'aux plus petites plantes, nous verrons les végétaux diminuer par degrés, de grandeur, de dureté, de
mollesse, et nous arriverons jusqu'à des individus qui

ont à peine quelques millimètres, tels que plusieurs espèces d'*Uredo,* d'*Œcidium*, de *Sphéries,* toutes plantes parasites, qui vivent sur les feuilles et les tiges des autres arbres, comme autant de points et de petites pustules qu'on a longtemps méconnus, et qui semblent à peine mériter le nom de plantes.

Dans quelques végétaux grêles, qui vivent sous les tropiques, et qu'on désigne sous le nom générique de *Lianes,* il y a quelquefois un prolongement qui dépasse l'imagination et qui va jusqu'à 300 mètres. On dit même que la Liane à tonnelles (*Ipomœa tuberosa*) s'étend réellement à plus de 600 mètres, à plus d'un quart de lieue.

L'élévation des tiges est encore surpassée par l'allongement de certaines plantes sarmenteuses, dont les circonvolutions ont de 140 à 160 mètres; les fragments du *Fucus gigantesque,* qu'on retire de la mer, ont quelquefois plus de 280 mètres de long; et les *Rotangs* atteignent quelquefois 500 pieds, tandis que la tige a à peine 2 à 3 centim. de grosseur.

Grosseur des arbres, leurs directions et leur élévation. — Les tiges tendent à s'élever vers le ciel avec autant d'énergie que les racines à s'enfoncer dans la terre. La grosseur des arbres n'est pas moins variée que leur hauteur, et il en est qui arrivent à des dimensions colossales. Ainsi le *Baobab* du Sénégal et des îles du Cap-Vert a plus de 30 mètres de circonférence. Dans nos climats, il y a des chênes et des ormes qui ont jusqu'à 12 mètres de tour.

Le *Figuier des Indes* ou arbre sacré des Hindous a

une tige très curieuse. Cet arbre, que les Indiens
plantent souvent près de leurs tombeaux et de leurs
temples, possède des branches énormes qui s'étendent
majestueusement et donnent naissance à de longs jets
pendants, assez semblables à des cordes ou à des ba-
guettes. Ces jets descendent jusqu'à terre comme des
lianes, s'enfoncent dans le sol, forment de nouveaux
troncs et s'environnent à leur tour de rejetons innombrables qui forment bientôt une espèce de forêt.
Il arrive qu'un seul arbre, s'étendant et se multipliant
ainsi de tous côtés, sans interruption, offre une
cime d'une étendue prodigieuse, posée sur un grand
nombre de troncs, comme la voûte d'un vaste édifice,
soutenu par quantité de colonnes. Souvent ces racines aériennes recouvrent une portion d'édifices dont
elles conservent la forme ; elles prennent naissance
près d'énormes pilastres qu'elles ornent de leur végétation ; quelquefois, elles trouvent une humidité bienfaisante dans le sein d'arbres étrangers qui marient
leurs fleurs à leurs feuillages ; elles vont chercher
la vie jusque dans les crevasses des antiques murailles,
jusque dans les portiques des anciens monuments.
Leurs voûtes mystérieuses, qui survivent aux siècles,
attestent la puissance de la nature, en même temps
que les ruines sur lesquelles on les voit s'élever
prouvent notre faiblesse. Ce figuier, surnommé *admi-*
rable, a quelque chose de si majestueux, qu'il est devenu l'objet d'une espèce de culte à Sumatra, et que
les habitants le regardent comme la forme matérielle
de l'*Esprit* des bois.

Vie des arbres. — Les arbres peuvent vivre des siècles quand ils sont placés dans un terrain et sous un ciel qui leur conviennent. Le Chêne peut vivre 600 ans et l'Olivier pendant 300 ans. Les Cèdres du Liban paraissent indestructibles. On remarque sur la place publique de Cos, un énorme Platane déjà célèbre du temps de Pline, qui en parle comme d'un monument admirable de végétation. Son tronc a 12 mètres de circonférence à 3 mètres au-dessus du sol ; son origine paraît remonter à l'ère brillante des Hyppocratides, et l'on sait que vingt-deux siècles pèsent sur les cendres d'Hyppocrate.

Dans l'île anglaise du Thanet, contrée peu favorable à la longévité d'un arbre aussi délicat, l'on trouva un figuier planté par les Romains et qui a vécu de treize à seize siècles.

Un grand nombre de végétaux ne croissent que très lentement ; d'autres, comme la *Vigne*, le *Houblon*, etc., grandissent très rapidement. On a vu au Jardin des plantes, à Paris, l'*Agave fœtida* pousser un jet de plus de 50 pieds, en 70 jours. C'est à peu près avec la même rapidité que s'élèvent les *Bambous* dans les pays chauds.

En général, les herbes croissent plus vite que les plantes ligneuses, et plus le bois est dur et plus l'accroissement est lent.

CHAPITRE III.

BOURGEONS ET BOUTONS.

Qu'est-ce qu'un bourgeon? — Un bouton? — Œil. — Bourgeon
axillaire. — Bourgeon adventif.

On appelle *Bourgeon,* de petits rameaux ramassés
sur eux-mêmes, leurs feuilles à peine formées sont
plissées, repliées et comme recoquillées les unes sur les
autres. Les feuilles qui occupent la base sont plus
larges et enveloppent toutes les autres. Elles forment comme une espèce de cuirasse, et elles sont dures et écailleuses pour protéger le jeune rameau et le
défendre contre les attaques des insectes. Elles sont
souvent protégées contre le froid de l'hiver par un
duvet cotonneux, ou bien préservées de l'humidité
par un enduit gommeux qui les empêche de pourrir.
Dieu, dans sa sagesse infinie, et avec la prévoyance
d'une bonne mère, garantit ainsi le bourgeon contre
le froid ou la pluie qui pourraient compromettre son
existence.

Placé, tantôt à l'aisselle de la feuille, tantôt à l'extrémité du rameau, le bourgeon, à peine visible en

été, ne commence à grossir qu'à l'automne. Mais dès qu'arrive le printemps, il se gonfle, ses écailles extérieures s'ouvrent, l'axe du rameau s'allonge, et les feuilles se déplient selon l'espèce de chaque plante. Ce travail exige tantôt une semaine, tantôt quelques

Fig. 10. — Rosier.   Rosier à feuilles odorantes   Rosier.
Fleur en bouton.   (*Rosa rubiginosa*).   Carpelle mur.

mois, comme dans les plantes herbacées, tantôt une année ou plus, comme dans les arbustes, les arbrisseaux et les arbres (fig. 10).

Quand ce germe commence à poindre, il est nommé *Œil,* et consiste en un petit corps de forme conique composé d'écailles imbriquées, c'est-à-dire disposées comme les tuiles d'un toit. La Vigne, chose remar-

quable et vraiment providentielle, a deux yeux à côté
l'un de l'autre, pour suppléer l'œil qui viendrait à
manquer ou à geler. L'œil, en se développant, devient
Bourgeon ou *Bouton :* bourgeon, s'il doit donner des

Fig. 11. — Abricotier commun   Fig. 12. — Fraisier commun
(*Armeniaca vulgaris*). Fleurs.   (*Fragaria vesca*).

branches ou des feuilles ; bouton, s'il doit donner des
fleurs ou des fruits.

Le *Bouton* est le nom qu'on donne plus particulièrement aux bourgeons dont la fleur doit sortir.

On appelle bourgeon *axillaire* (qui a rapport à
l'aisselle) celui qu'on observe à l'aisselle des feuilles ;
bourgeon *terminal,* celui qui forme l'extrémité d'un
rameau, et bourgeon *adventif,* celui qui naît acciden-
tellement sur diverses parties du végétal.

CHAPITRE IV.

REPRODUCTION PROMPTE DES VÉGÉTAUX.

Marcotte. — Bouture. — Greffes. — Greffe en écusson. — En fente
— Par approche. — En couronne.

Marcotte. — Repliez une branche qui tient encore
à la plante mère, et mettez-la en terre en la recour-
bant. Incisez, si vous le voulez la partie recourbée,
afin de faciliter la sortie des racines : dès que cette
branche est enracinée, séparez-la de la plante mère
elle prend alors une existence propre; c'est une nouvelle plante. La marcotte de la Vigne et du Groseillier
réussit toujours très bien. Quand il s'agit de la Vigne,
on la dit *provignée.*

Les plantes d'agrément peuvent être marcottées sur
leurs tiges en laissant passer les rameaux à travers
des godets à fleurs ou de simples pots. On sectionne
la tige au-dessous du pot quand la marcotte s'est enracinée. On se sert aussi de godets de plomb, dont
on entoure la base incisée des rameaux, système surtout employé pour les œillets.

Bouture. — Il n'est pas rare de voir au pied de

certains arbres plusieurs pousses pleines de vigueur. Si vous les séparez du tronc pour les planter à côté ou ailleurs, elles croissent avec une grande vigueur. Il suffit de placer dans la terre humide l'extrémité inférieure d'une branche détachée de la tige. Bientôt la branche prend racine et donne naissance à un nouvel individu. C'est ainsi qu'on multiplie rapidement les Peupliers et les Saules, etc. Les plantes grasses sont les plus propres à faire une bouture. Également un grand nombre de plantes d'ornement se bouturent par les feuilles et même par des fragments de feuille. Ainsi une feuille d'Oranger ou de Citronnier, s'enracinent facilement quand elles sont soigneusement bouturées. On peut faire l'opération soit à la fin de l'automne, soit au printemps.

Greffes. — Un bourgeon ou un rameau peut être transplanté d'un végétal sur un autre végétal, pourvu que celui-ci lui fournisse des sucs nutritifs appropriés à sa nature. Cette transplantation se nomme *greffe*, et doit se faire sur des pousses de l'année pour réussir. La greffe est une opération d'une grande utilité. Elle sert à conserver et à multiplier des espèces et des variétés de plantes d'ornement qui ne se reproduiraient pas d'elles-mêmes, ou d'arbres fruitiers qui donnent ainsi plus promptement des produits meilleurs, et qui ne pourraient se perpétuer par le semis de leurs graines, en conservant l'ensemble de leurs qualités

Le végétal qui doit servir de nourriture prend le nom du *sujet,* et le bourgeon ou le rameau qu'on y implante se nomme *greffe.* Il y a une condition in-

dispensable pour réussir, c'est que le bourgeon transplanté doit trouver dans sa nouvelle branche nourri-
cière des aliments en rapport avec ses goûts, c'est-à-
dire une sève conforme à la sienne. Il faut donc que
les deux plantes, le sujet et la greffe, soient de la
même espèce ou du moins appartiennent à des espèces
très rapprochées. On perdrait son temps à vouloir
greffer le Lilas sur le Rosier, le Rosier sur l'Oranger,
etc., car il n'y a rien de commun entre ces végétaux.
Mais on peut très bien greffer Lilas sur Lilas, Rosier
sur Rosier, etc. — On peut faire nourrir un bourgeon
d'Oranger par un Citronnier, un bourgeon de Pêcher
par un Abricotier, un bourgeon de Cerisier par un
Prunier, et réciproquement ; car il y a entre ces végétaux, pris deux à deux, une étroite ressemblance :
mais le Poirier ne se greffera pas sur le Pommier. Il
faut, en somme, la plus grande analogie possible entre
les deux végétaux. Il est encore indispensable que la
greffe et le sujet soient mis en contact par leurs tissus
les plus vivants et par conséquent les plus aptes à se
souder entre eux. Ce contact doit se faire par le tissu
cellulaire des deux écorces et surtout par le *Cambium*.
En effet, l'activité végétale réside avant tout dans les
tissus jeunes qui se forment entre l'écorce et le bois.
C'est là que la sève circule ; c'est là que se forment
de nouvelles cellules et de nouvelles fibres, pour donner d'un côté une couche d'écorce, de l'autre une couche de bois : c'est donc là et seulement là que la soudure est possible entre la greffe et le sujet.

Il y a plusieurs espèces de greffes.

1. *Greffe en écusson.*

Proposons-nous de faire produire les superbes roses de nos cultures, au rosier sauvage des haies, au vulgaire Églantier. Au moment de la sève d'automne, de juillet en septembre, on incise l'écorce du sauvageon d'une double entaille en forme de T, pénétrant jusqu'au bois, mais sans l'endommager. On soulève un peu les deux lèvres de la blessure ; puis, sur un rosier à belles fleurs, on détache un lambeau d'écorce muni d'un bourgeon, lambeau qu'on nomme *œil* ou *écusson* (d'où l'expression écussonner). On a soin de bien enlever le bois qui pourrait adhérer à la face intérieure de l'écusson, tout en respectant l'écorce, le tissu verdâtre surtout qui forme la couche externe. Enfin, l'on introduit l'écusson entre l'écorce et le bois du sujet, et l'on rapproche les lèvres de la plaie au moyen d'une ligature ordinairement en laine. Au printemps suivant, le bourgeon transplanté adhère à sa nouvelle nourrice, que l'on ampute alors au-dessus de la greffe. Dans peu de temps, l'églantier se couvre de magnifiques roses cultivées. C'est là la greffe en écusson.

Pratiquée en automne, elle est dite à *œil dormant,* et ne se développe qu'au printemps ; elle est à *œil poussant,* quand elle est faite au printemps et doit se développer de suite.

2. *Greffe en fente.*

Proposons-nous, par exemple, de faire produire des poires de bonne qualité à un mauvais Poirier, venu de semis dans un jardin ou apporté de son bois natal.

On tranche net la tige du sujet, et dans le tronçon on fait une profonde entaille; puis on prend, sur un poirier d'excellente qualité, un rameau muni de quelques bourgeons. On taille son extrémité inférieure en biseau, et on implante la greffe dans la fente du sujet, bien exactement écorce contre écorce. On rapproche le tout par des ligatures et l'on recouvre les plaies de mastic, ou, à son défaut, de terre glaise maintenue en place par un chiffon, ou même plusieurs. Avec le temps, les plaies se cicatrisent, le rameau soude son écorce et son bois à l'écorce et au bois de la tige amputée. Enfin, les bourgeons de la greffe, alimentés par le sujet, se développent en ramifications, et au bout de quelques années la tête du poirier sauvage est remplacée par une tête de poirier cultivé, donnant des poires pareilles à celles de l'arbre qui a fourni la greffe. Si la grosseur du sujet le permet, rien n'empêche d'implanter deux greffes dans l'entaille, une à chaque extrémité. Mais on ne pourrait pas en mettre davantage dans la même fente, parce que l'écorce de la greffe doit être de toute nécessité en contact avec l'écorce du sujet; afin que des deux parts le cambium mette en communication les tissus naissants.

3. *Greffe par approche.*

On peut aussi greffer par *approche* en mettant en contact intime les deux parties à greffer dont on entame l'écorce et une partie de l'aubier et qu'on ligature avec du raphia recouvert de mastic.

4. *Greffe en couronne.*

La greffe en *couronne* s'exécute en introduisant plusieurs rameaux munis de bourgeons entre l'écorce et l'aubier d'un arbre ou arbuste recepé (1) et nettement coupé ; ces rameaux sont taillés en biseau sur une longueur de 4 centim. environ, et disposés en couronne autour du tronc.

(1) Arbre taillé par le pied. — Tailler une vigne jusqu'au pied, en ne conservant que le cep.

CHAPITRE V.

LES FEUILLES.

Fonction des feuilles. — Disposition. — Vrilles ou mains. — Preuves
d'une Intelligence divine. — Respiration des feuilles. — Stomates. —
Chute des feuilles. — Composition des feuilles.

La *feuille* est un des organes spéciaux dont les végétaux sont généralement garnis. Avant que l'on eût
créé pour la botanique un vocabulaire particulier, on
confondait sous le nom de *feuille* diverses parties de
la plante auxquelles on a donné depuis différents noms
plus convenables.

Les feuilles ont pour fonctions de mettre le végétal
en contact avec l'atmosphère, d'absorber les corps
gazeux qui peuvent servir à l'entretien de la vie du
végétal, et d'exhaler les matériaux inutiles à son existence. Ce sont donc de véritables appareils respira-
toires. Sous l'influence solaire, les feuilles absorbent
l'acide carbonique de l'air, retiennent son carbone, et
exhalent de l'oxygène ; pendant la nuit, au contraire,
elles absorbent de l'oxygène et dégagent de l'acide
carbonique (1).

(1) Voir à l'article *sève*, ce que nous en disons.

Ainsi, les feuilles, si utiles pour l'entretien et la conservation des plantes, le sont encore pour préserver notre propre existence. En effet, l'air atmosphérique

Fig. 13. — Fève de marais commune (*Faba vulgaris*).

est continuellement altéré et vicié par notre respiration, par les décompositions putrides, par les exhalaisons qui, parfois nuisibles, s'élèvent du sein de la terre, et qui portent dans les organes de la vie la destruction et la mort : alors, le rôle des feuilles est de le purifier, de le rendre plus salubre, en absorbant toutes ses parties non respirables, en décomposant et en laissant échapper de leurs pores, surtout sous l'action du soleil, une grande abondance d'oxygène (air vital) si précieux pour l'entretien de notre santé.

Fig. 14. — Feuilles de la grande capucine (*Tropæolum majus*).

De tous les phénomènes de la nature, la renaissance des feuilles est certainement celui qui réjouit le plus le cœur de l'homme, celui qui nous inspire avec plus de force l'étonnement et l'admiration, parce qu'il nous annonce le retour des beaux jours, qu'il est le précurseur du brillant cortège des fleurs, des fruits qu'elles produisent et des richesses qu'elles promettent. La renaissance des feuilles est certainement le

spectacle le plus imposant, et si elles n'ont point le
coloris séduisant des fleurs, elles durent plus longtemps. Soutenues par une queue légère et flexible,
elles se jouent au gré de l'air qu'elles purifient en l'as-
pirant, qu'elles renouvellent en le rejetant, comme
nous l'avons vu plus haut.

En effet, les feuilles jouent dans l'air le même rôle
et les mêmes fonctions que les racines dans la terre :
c'est donc avec raison qu'on les a nommées des racines
aériennes. Les feuilles sont aussi des espèces de poumons, car les fluides que le végétal renferme se rendent dans les nervures des feuilles et, sous l'influence
de l'air ambiant, y subissent les élaborations qui les
rendent propres à la nutrition. Les gaz et les fluides
pénètrent dans le tissu des feuilles au moyen des
poils, et de ce qu'on nomme les glandes miliaires.
C'est par leur face inférieure que les feuilles reçoivent,
aspirent les vapeurs aqueuses qui s'élèvent de la terre.
Mais les feuilles des herbes, qui sont plus voisines du
sol, et par conséquent plongées dans une atmosphère
humide, pompent indifféremment leur nourriture par
l'une et l'autre surface. Aussi remarque-t-on que si
l'on pose des feuilles d'arbre sur l'eau, par leur face
inférieure, elles se conservent saines pendant plusieurs
mois ; au contraire, elles se fanent en plusieurs jours
si on les y pose par leur face supérieure. Dans les
deux positions, les feuilles des herbes se conservent
très longtemps sans altération (fig. 15).

Disposition des feuilles. — Pour s'acquitter avec
facilité de leurs importantes fonctions, les feuilles

sont disposées sur les tiges de la manière la plus avan-
tageuse. Presque toutes placées horizontalement, présentent à l'air leur surface supérieure, et leur surface
inférieure est tournée vers le sol. Courbez les branches
d'une plante quelconque de manière à présenter au
ciel leur face inférieure, vous les verrez bientôt se

Fig. 15. — Haricot nain.

retourner et reprendre leur position naturelle. Et,
pour qu'elles puissent pomper plus facilement les sucs
nourriciers dans l'atmosphère, elles sont disposées sur
les branches avec un tel art que celles qui précèdent
immédiatement ne recouvrent pas celles qui suivent.
Tantôt elles alternent sur deux lignes opposées et parallèles; tantôt elles sont disposées par paires qui se
croisent à angles droits; tantôt elles montent sur la
tige ou sur les branches en une ou plusieurs spirales.

Dans les feuilles, et surtout dans celles des arbres, la surface inférieure est ordinairement moins lisse et d'une couleur plus pâle que la surface opposée. D'un autre côté, elle est couverte d'aspérités, ou garnie de poils avec des nervures plus relevées, plus propres à arrêter les vapeurs et à en favoriser l'absorption, tandis que la surface supérieure, lisse et vernissée, sans nervures saillantes, semble destinée à s'imbiber des fluides caloriques et lumineux.

Chose vraiment curieuse et bien remarquable, les plantes, tels que les *Metalosia* et quelques autres *Synanthérées*, qui ont la face supérieure de leurs feuilles comme la face inférieure des autres plantes et réciproquement, les retournent spontanément sens dessus dessous, au moyen d'une torsion de la base, de manière à remplir les fonctions pour lesquelles elles ont été créées.

Un grand nombre de végétaux ont des organes accessoires, appelés *vrilles* ou *mains*, qui ont de très grands rapports avec les feuilles quant à l'organisation ; voici leur usage. Toutes les plantes n'ont pas la faculté de diriger leur ascension vers le ciel : les unes, dépouillées de tout moyen pour s'élever, sont destinées à ramper sur la terre ; beaucoup d'autres, trop faibles pour conserver une position verticale, ont été pourvues d'organes à l'aide desquels elles parviennent souvent, malgré leur faiblesse, à rivaliser en hauteur avec la plante qui leur sert d'appui. Leurs fleurs, dont, faute de protecteur, l'éclat eût été souillé dans la boue ou la poussière, tombent en guirlandes du sommet des arbres et semblent, dans certaines espèces, produites par l'arbre lui-même qui les soutient. Nous avons de beaux exemples, dans la *Vigne*, le *Houblon*, la *Clématite,* etc. Pour leur pro-curer cet avantage, il n'a fallu qu'une légère modifi-cation dans les pétioles, et, au lieu de façonner la feuille en lance, il a suffi de la prolonger en longs filets contournés en spi-rale.

Preuve de l'Intelligence divine. — C'est ainsi que derrière ces êtres inintelli-gents et automates se trouve l'*Intelligence su-prême* qui a créé leur ad-mirable machine, suivant des *lois mystérieuses*, en vertu desquelles ils exécu-tent ces mouvements di-vers, et les dirigent vers les objets correspondant

Fig. 16. — Haricot à rames (*feuilles*).

à leurs besoins; *Intelligence prévoyante*, qui n'a donné des organes destinés à chercher les corps solides et à s'y accrocher, qu'à des plantes précisément, qui, à raison de la longueur et de la faiblesse de leurs tiges, ont besoin d'appui pour pouvoir s'élever.

La feuille attire l'attention de l'observateur sous

une foule de rapports. Elle prend des formes rondes, ovales, en losange, triangulaires, linéaires, elliptiques, en lame d'épée, en sabre, en lyre, en cylindre. Elle est chargée de glandes, de poils, d'aiguillons, d'épines, de tubercules, de soies, de cils. Elle se colore en vert clair, vert foncé, vert glauque; il y en a de rouges, de dorées, d'argentées, de rouillées.

Sa position sur la plante est radicale ou caulinaire, ou sommitale, ou alterne, ou éparse, ou opposée, ou en spirale, ou en faisceau, ou en verticille.

Beaucoup de feuilles sont odorantes, surtout lorsqu'on les froisse entre les doigts.

Quelques-unes, comme celles de la Dionée, des *Drosera*, des *Nepenthes Phyllamphora*, etc., ont des appendices fort extraordinaires.

Les végétaux présentent des phénomènes analogues à la respiration, et ce sont les feuilles qui sont les organes essentiels de la respiration des végétaux.

Cet acte consiste dans la décomposition, sous l'influence de la lumière solaire, de l'acide carbonique (1) absorbé par la partie verte des feuilles dans l'atmosphère ou puisé dans le sol par les racines. Le végétal retient le carbone, qui se fixe dans ses tissus pour le nourrir, et rejette au dehors une grande partie de l'oxygène.

Il faut remarquer ici la différence qu'il y a entre la respiration des animaux et celle des végétaux.

Tandis que les animaux, par suite de l'acte de la

_____

(1) L'acide carbonique est composé de 27,36 parties de carbone et de 72,64 d'oxygène.

respiration, vicient l'air en lui enlevant une partie
notable de son oxygène (1), qu'ils remplacent par de
l'acide carbonique, les végétaux au contraire, sous
l'influence de la lumière, débarrassent l'atmosphère de
ce gaz impropre à la respiration des animaux, et lui
rendent de l'oxygène en échange. L'équilibre se trouve
ainsi rétabli ; et c'est là encore une preuve bien frappante de l'admirable harmonie qui règne dans l'univers.

L'acte de la respiration chez les végétaux n'a pas,
dans l'obscurité, les mêmes résultats que sous l'influence de la lumière ; un phénomène contraire se
produit, c'est-à-dire que les végétaux absorbent de
l'oxygène et dégagent de l'acide carbonique. Alors
l'air dans lequel ils vivent est bientôt vicié, et ils ne
tardent pas eux-mêmes à languir et à s'étioler. Aussi
est-il toujours dangereux de coucher dans un appartement fermé où se trouvent des fleurs et des fruits. En
même temps que les végétaux respirent, ils rejet-
tent ou exhalent les gaz qui pourraient nuire à leur
organisation : c'est ce qu'on appelle *exhalation* ou
expiration.

Stomates. — L'air pénètre dans la feuille par une
foule de petites ouvertures nommées *stomates* (bou-
ches). Ce sont donc les organes de la respiration. Si
vous voulez vous en convaincre, semez de la graine
dans un pot avec de la terre, et pesez exactement le
tout. Vous verrez après le développement complet de

---

(1) L'air est composé de 79 parties d'azote et de 21 d'oxygène.

la plante que le poids a augmenté. Il faut donc que la
plante ait pris dans l'air les éléments qui l'ont for-
tifiée.

Où se trouvent les stomates. — Dans les arbustes
et les arbres, les stomates se trouvent presque sans
exception sur la face qui regarde la terre ; dans les
herbes, les deux faces puisent dans l'air leur nourriture ; dans les plantes aquatiques, c'est la face qui est
au-dessus de l'eau qui prend l'air, mais il n'y a plus
de stomates dans celles qui sont sous l'eau.

Nous avons vu plus haut que c'est le gaz acide
carbonique que les stomates puisent dans l'air, gaz
mortel dégagé par les animaux et que les plantes ont
la mission de décomposer.

Chute des feuilles. — De même que la renaissance
des feuilles, au printemps, semble nous donner une
nouvelle vie de même aussi la chute des feuilles à
l'automne nous attriste autant que leur retour nous a
réjouis. Le spectacle, en effet, n'est plus le même.
Leurs couleurs sont plus variées, plus nuancées. Elles
sont d'un rouge éclatant dans le Sumac, le Cornouiller,
la Vigne vierge, etc. ; d'un beau jaune dans plusieurs
espèces d'érables, panachées dans d'autres, d'un jaune
pâle dans la plupart. Si le vert persiste, il devient
plus foncé et presque noir ; les feuilles du noyer bru-
nissent ; mais elles bleuissent dans le chèvrefeuille.
Cette variété de couleurs, qui devrait plaire à l'œil, a
un certain ton de tristesse et de mélancolie qui semble
nous annoncer que bientôt ces derniers ornements de
la nature végétale, vont disparaître et que nous allons

entrer dans la saison des brouillards, des frimas et du froid. Toutes ont perdu cette fraîcheur de jeunesse, ce ton de santé et de force qui leur donnent une position si gracieuse sur les rameaux dont elles étaient l'orne-

Fig. 17. — Lilas de Perse.

ment. Maintenant, flétries et décolorées, elles s'affaissent tristement, en s'inclinant vers le sol : aussi le moindre vent les abat, et le froid et l'humidité hâtent encore leur destruction et la terre qu'elles jonchent de leurs cadavres, prend un aspect qui attriste l'âme, en lui montrant le néant des choses de ce monde.

Composition des feuilles. — Considérées anatomi-
quement, les feuilles sont composées de trois parties
élémentaires ; savoir :

1° D'un *faisceau de vaisseaux* provenant de la tige ;

2° D'un *parenchyme* vert, qui n'est que le prolongement de l'enveloppe herbacée de l'écorce ;

3° D'une *portion d'épiderme* qui les recouvre dans
toute leur étendue.

Il y a des plantes dans les feuilles desquelles il n'y
a que des fibres et point de parenchyme. Citons comme
exemple la petite *Renoncule* aquatique *à fleur blanche,*
dont les rameaux, sans cesse lavés par l'eau, se rédui-
sent à de longs filaments verts, que l'on voit ondoyer
dans le courant des ruisseaux. Telle est encore l'*Hydro-
geton fenestrale*, autre plante aquatique, dont les
feuilles sont percées de trous, et forment un réseau
très élégant de mailles parallélogrammes, qui ne sont
autre chose que des fibres sans parenchyme.

CHAPITRE VI.

DE LA SÈVE OU LYMPHE.

Sève ascendante et descendante. — Modifications que subit la sève. — Cambium.

La sève, ce suc de la terre, est pour la plante ce que le sang est pour l'homme et pour les animaux.

La sève est un liquide qui, dans la plupart des plantes, ressemble à de l'eau légèrement sucrée. Des racines, où elle se forme, elle monte par des canaux dans l'intérieur de la tige et s'en va dans les branches, les racines et les feuilles. Son activité est beaucoup plus énergique au printemps qu'en hiver où elle est presque nulle.

La sève ascendante, arrivée aux feuilles se modifie dans sa nature en subissant l'action de l'air.

La sève redescend des feuilles par des canaux qui diffèrent par leur structure de ceux qui l'ont amenée et qui sont placés entre l'aubier et l'écorce. Elle forme alors des couches nouvelles. De là, elle arrive aux racines, mais profondément altérée, ayant laissé en cheminant, ses sucs nutritifs et ramenant à la terre les

principes nuisibles ou du moins inutiles au végétal.
C'est ce qui explique pourquoi on ne met pas deux
ans de suite, dans le même terrain, les mêmes végétaux et la nécessité d'*assoler*.

En effet, la sève descendante entraîne avec elle
des huiles volatiles, des gommes, des principes âcres,
des matières résineuses et même vénéneuses. On voit
souvent ces sucs suinter à travers l'écorce, comme
dans les pruniers et les cerisiers, pour ne citer que ces
arbres.

On utilise souvent cette sève descendante en prati-
quant des incisions au tronc des pins maritimes, et il
en sort un liquide qui s'épaissit à l'air et donne la *té-
rébenthine*. Le *caoutchouc*, si utile à l'industrie, s'obtient aussi par des incisions faites à l'écorce de certains figuiers qui vivent dans les Indes.

Il est un moyen facile de constater le mouvement
descendant de la sève : il suffit de lier fortement le
tronc d'un arbre, par ex. d'un ormeau ou d'un tilleul, ou bien d'enlever un anneau d'écorce tout autour. On voit bientôt les sucs s'accumuler au-dessus
de la ligature et former un bourrelet saillant qui s'accroît de plus en plus. Rien de pareil ne se passe au-
dessous de l'obstacle.

La sève ne s'élève pas avec la même vitesse dans
toutes les plantes. La cause de son élévation est multiple : elle gît, d'une part, dans l'évaporation considérable qui se fait à la surface des feuilles, et d'autre
part dans un phénomène de capillarité. La chaleur,
la lumière et l'électricité influent sur le mouvement de

la feuille. Aussi sa marche ascendante commence-t-elle au printemps, et ce mouvement se continue pendant toute la période active de la végétation ; en hiver, comme nous l'avons dit, elle se ralentit, mais elle n'est pas complètement suspendue. Tout le monde sait que, quand on coupe, au printemps, un sarment de vigne, la sève coule abondamment : c'est ce que les jardiniers appellent les *pleurs de la vigne.* Vers le mois d'août la sève redevient abondante dans nos climats.

La sève, arrivée à l'extrémité des rameaux, laisse échapper une partie de l'eau surabondante qu'elle contient : cet acte est connu sous le nom de *transpiration* ou d'*exhalation.* Souvent l'eau s'exhale en vapeur ; souvent aussi elle se réunit en gouttelettes à la surface du végétal. Dans certaines plantes exotiques, dont les feuilles sont roulées en cornets, chaque matin la transpiration remplit d'eau ces petits réservoirs, qui sont parfois si utiles aux voyageurs. La transpiration se fait souvent par des pores spéciaux qui terminent la feuille, notamment chez plusieurs graminées ; mais elle peut aussi dans certains cas s'échapper par les *stomates*, petites ouvertures invisibles à l'œil qui existent sur les parties vertes des plantes.

Nous verrons plus loin, en parlant des *feuilles*, les effets singuliers de la respiration des plantes.

La sève parvenue dans les feuilles, y subit des modifications importantes qui sont dues à l'influence de la chaleur et de la lumière. C'est alors qu'elle devient propre à nourrir le végétal, et que, prenant une marche opposée à celle de la sève ascendante, elle se dirige des feuilles vers les racines et se charge en un liquide mucilagineux qu'on nomme *cambium*, et qui sert, comme substance nutritive, au développement des éléments, fibres ou cellules, qui existent déjà dans les végétaux. Le cambium s'éclaircit par degrés, et, s'assimilant au végétal, il finit par former deux couches distinctes, l'une *l'aubier,* l'autre le *liber.* Vous comprendrez maintenant comment croissent les végétaux.

Pourquoi on met les bouquets dans l'eau. — Coloration et durcissement du bois, etc.

Ne vous êtes-vous jamais demandé pourquoi l'eau conservait aux fleurs leur fraîcheur et leur éclat, après qu'elles ont été cueillies. Vous vous êtes dit sans doute que les fleurs boivent l'eau qui est dans les vases, parce que, de plein qu'il était la veille, il se trouve à moitié vide le lendemain, et les fleurs paraissent s'en nourrir un certain temps comme si elles étaient encore sur pied. Mais comment l'eau monte-t-elle? De la même manière que la sève dans la tige. Voici comment les savants s'en sont assurés. Ils ont fait tremper des tiges de roses dans de l'encre rouge, pour s'assurer du chemin que prenait la sève. Tout le monde savait qu'elle montait ; mais les uns voulaient que ce fût par l'écorce, d'autres par la moelle, d'autres par le tissu ligneux, c'est-à-dire par les fibres mêmes du bois. Ce sont ces derniers qui avaient raison, comme l'a prouvé l'ascension des eaux colorées dans des branches de saule, de peuplier, de pommier, de chêne, etc.

Et de ces expériences, faites par des botanistes dans l'intérêt de la science, il est né une découverte d'une grande importance et qui est devenue d'une utilité très générale.

Cette absorption d'eaux colorantes, montant à la place de la sève, peut s'appliquer d'une façon utile, facile, agréable aux yeux, et même à l'odorat. On s'est servi du même moyen pour teindre les bois. De plus, grâce à cette belle découverte, on peut le rendre beaucoup plus durable, le durcir comme du fer; on peut lui conserver sa souplesse et son élasticité, l'empêcher de se retirer à la sécheresse, et de se gonfler à l'humidité, faire qu'il ne prenne plus feu que très lentement; enfin, lui donner des couleurs, et même des odeurs aussi variées que possible. C'est un effet merveilleux, mais qui se comprend facilement dès qu'on remonte au principe.

C'est un médecin de Bordeaux, le docteur Boucherie, qui a eu le mérite d'une si ingénieuse idée.

C'était, en effet, plus difficile à trouver qu'on ne se le figure, et cependant bien simple.

Supposons qu'au lieu d'une branche de rosier, vous coupiez un arbre et que vous le mettiez tout droit dans une grande cuve pleine d'encre rouge; l'encre montera au travers du bois, dans les fibres, et voilà l'arbre teint. Mais ce moyen étant peu pratique. On a d'abord creusé un fossé autour des racines et on l'a empli de la teinture que l'on a voulu faire passer dans l'arbre ; ou bien encore on a donné un trait de scie tout autour, et on a mis la partie entamée en contact avec le liquide. On a essayé de toutes ces manières et c'est là un des principaux mérites de l'inventeur. Il ne s'est pas contenté de penser qu'on pouvait appliquer la force d'ascension de la sève à la teinture des bois, il a fait patiemment et longtemps, une série d'expériences fort ingénieuses, qui l'ont conduit à des résultats positifs.

Avant la découverte du docteur Boucherie, les procédés pour la teinture des bois étaient longs, compliqués, difficiles et coûteux. Ce n'était qu'à l'aide de puissantes machines, par une grande force de pression, ou par le séjour prolongé des pièces de bois dans la teinture, qu'on obtenait des teintes, qui ne pénétraient pas à plus de cinq à six millimètres d'épaisseur, tandis que par le nouveau procédé, toutes les substances qui peuvent se dissoudre dans l'eau, passent sans frais, sans effort, dans les tissus les plus déliés de l'arbre, sauf le cœur pourtant, qui, dans les bois les plus durs, ne se laisse jamais pénétrer complètement.

La teinture du bois est un objet de luxe, et par conséquent secondaire, tandis que la *conservation* du bois, sa durée, sa pesanteur, son élasticité, sa résistance au feu, à l'eau, aux insectes, sont des avantages immenses et incalculables. Pour en comprendre la portée, il suffit de savoir qu'un vaisseau de ligne, qui coûte à l'État plus de deux millions, ne dure que huit à neuf ans, en temps de guerre, et quatorze à

quinze pendant la paix : jugez de l'économie qu'il y a
à lui assurer deux ou trois fois plus de durée, en le
mettant à l'abri des causes de destruction qui l'atta-
quent sans cesse.

Le docteur Boucherie, pour combattre efficacement
toutes ces causes, s'est servi de *pyrolignite de fer
brut,* qui s'obtient facilement dans toutes les forêts
où l'on fait du charbon ; car c'est le produit d'un résidu
de cette fabrication, mêlé à de la ferraille. Toujours
préoccupé de simplifier les procédés et de diminuer la
dépense, le docteur Boucherie a également tiré parti
des eaux stagnantes qui couvrent le fond des marais
salants après la récolte du sel. On n'en avait rien fait
jusqu'ici ; il les a employées à préparer des bois, qui,
après être restés plusieurs années exposés à l'air, ont
conservé toute leur flexibilité. Divisés en feuilles minces, ils peuvent être tordus en spirale, et retordus ensuite en sens inverse sans se gercer. Quelle que soit la
sécheresse, ils ne se voilent ni ne se fendent ; enfin,
ils ne brûlent pas, ou du moins si difficilement, qu'ils
sont incapables de propager un incendie.

SECONDE PARTIE.

ORGANES DE LA REPRODUCTION
OU DE LA FÉCONDATION.

Dans les végétaux, les organes qui servent ou concourrent à la reproduction et à la perpétuité de l'espèce sont :

1º LA FLEUR,

2º LE FRUIT,

3º LA GRAINE.

CHAPITRE PREMIER.

LA FLEUR.

LA FLEUR. — On appelle *fleur* l'assemblage de divers organes, dont les uns sont de véritables feuilles
très fines et très délicates, parées de vives couleurs et
sont placées à l'extérieur ; tandis que les autres sont
cachés au centre, produisent la graine et la logent
jusqu'à ce qu'elle soit mûre.

Composition de la fleur. — La fleur comprend : le
calice et la *corolle*, organes accessoires ; les *étamines*
et le *pistil*, organes essentiels.

Le calice. — Son rôle.

Le calice est l'enveloppe florale extérieure toujours
placé à l'extrémité du pédoncule et il est produit par
un prolongement de l'écorce. Le calice a une consis-

tance plus ferme, j'allais dire, plus grossière que celle
des organes intérieurs qu'il a pour fonction de protéger, d'abriter même en entier dans la fleur en bouton.
En effet, si, à l'époque de leur développement, on
prive les fleurs de leur calice, elles s'altèrent et péris-

Fig. 18. — Jasmin à fleur d'or (*Jasminum chrysantemum*).

sent bientôt. Ces formes rustiques du calice conviennent à ses fonctions ; c'est par la puissance qu'on protège et qu'on défend, et non par l'élégance des formes
ou le prestige du luxe. Comme enveloppe extérieure
de la corolle, le calice doit offrir plus de résistance aux
dangers du dehors, sa constitution répond à son emploi. On trouve cependant quelques calices qui riva-

lisent en élégance et en beauté avec la corolle, et qui même quelquefois attirent seuls l'attention, comme on le voit dans celui de l'Hortensia, du Fuchsia, etc.

La coloration du calice est verte ordinairement ; néanmoins il y a des calices doués d'une vive teinte ; ainsi celui du Grenadier est d'un beau rouge comme la corolle.

Fig. 19. — Ellébore rose-de-Noël (*Helleborus niger*).

Tantôt les pièces du calice, les *sépales*, comme on les appelle, sont distinctes et nettement séparées l'une de l'autre ; tantôt elles sont plus ou moins soudées entre elles par les bords et simulent alors une pièce unique, mais en laissant dans le haut du calice des dentelures libres, qui permettent de reconnaître le nombre de sépales assemblés. Quand les sépales sont en entier distincts l'un de l'autre, le calice est dit *polysé-*

pale, comme dans le *Coquelicot*, la *Giroflée*, le *Lin*, etc. Quand ils sont soudées l'un à l'autre, le calice est dit *monosépale*, ex. le *Tabac*, l'*Œillet*, etc.

Forme du calice. — Quant aux formes que le calice peut affecter, elles sont très variées : ainsi, il

Fig. 20. — Populage des marais ou souci des marais
(*Caltha palustris.*)

est cylindrique, anguleux, en pointe, en forme de cloche, de poire, etc.

Dans les plantes qui n'ont point de corolle, le calice n'a plus la couleur verte ; il prend les couleurs les plus brillantes, ainsi qu'on le voit dans la Tulipe, le Magnolia.

Inflorescence.

On appelle *inflorescence* la disposition des fleurs sur le végétal ; et le support qui les soutient se nomme

pédoncule; c'est la situation et la direction de ce pédoncule qui constitue l'inflorescence. Dans ses productions, la nature réunit l'élégance de la forme à l'utilité
des organes, et ce que nous regardons comme un
simple agrément, est souvent, dans les plantes, la dis-

Fig. 21. — Magnolia à grandes feuilles (*Magnolia grandiflora*).

position la plus favorable pour les conduire au but que
la nature s'est proposé. Mais, c'est en vain· que nous
chercherions la raison de cette belle variété de formes ;
Dieu ne nous a pas toujours permis de découvrir son
secret. Il nous arrive quelquefois de le deviner, mais
le plus souvent il nous échappe. Nous avons du moins
la consolation de jouir, sans étude et sans fatigue, de

ces modèles gracieux que nous fournissent les pédoncules dans leur arrangement sur les plantes. Ce sont
des grappes, des épis, des bouquets, des aigrettes,
des panaches, des pyramides, des girandoles, guir-

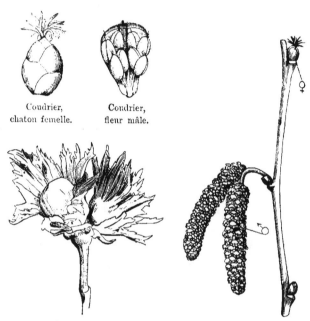

Coudrier,   Coudrier,
chaton femelle.   fleur mâle.

Fig. 22. — Coudrier, fruits enveloppés   Coudrier noisetier
de leur bractéole devenue une cupule   (*Coryllus avellana*),
foliacée à bords déchiquetés.   chatons.

landes, etc., que l'art n'aurait jamais pu imaginer,
si les végétaux ne lui en avaient pas fourni le type.

Les plus remarquables inflorescences sont :

Le *chaton* (dans le Noisetier, le Saule, le Bouleau, etc.) (fig. 22);

L'*épi* (Blé, Seigle, Plantain, etc.);

La *grappe* (Cytise, etc.);
Le *thyrse* (Marronnier d'Inde, etc.);

Fig. 23. — Marronnier blanc, fleur en thyrse.

La *panicule* (la Patience et la plupart des graminées, etc.);

La *cyme* (Sureau, Cornouiller, etc.);

L'*ombelle;*

Dans la Carotte et le Cerfeuil, etc. ; les pédoncules partent tous du même point, arrivent à la même hauteur et s'écartent comme les rayons d'un parasol ouvert.

Pour peu qu'on y réfléchisse, on voit jusqu'à quel point l'intelligence suprême a voulu réjouir le cœur de l'homme en donnant aux fleurs la beauté sous toutes ses formes les plus gracieuses. Leur multitude tient du prodige : on dirait qu'elles ont reçu l'ordre de naître sous nos pas, elles sont partout ; elles naissent au haut des arbres et sur l'herbe qui rampe ; elles embellissent les vallées, les collines et les montagnes ; les prairies en sont tapissées, et nous les cueillons sur le bord des ruisseaux, près des bois et jusque dans les déserts. La terre, en un mot, n'est qu'un vaste jardin, brillant et parfumé pour plaire à la vue et donner de douces et agréables sensations à l'homme (fig. 23).

LA COROLLE.

La corolle est la partie la plus apparente et la plus remarquable de la fleur. La fraîcheur de ses teintes, la délicatesse de son tissu, son éclat, le parfum si suave qu'elle exhale, la grâce et la variété de ses formes, tout en fait un des objets les plus séduisants qui puissent s'offrir aux regards. Pour elle, la nature semble avoir épuisé toutes les ressources de ses pinceaux et toute la fécondité de ses dessins.

Mais toutes ces riches couleurs, toutes ces belles

formes que nous admirons, ne lui ont pas été données seulement pour plaire et briller à nos yeux ; elles ont une autre destination plus relative au but de la végétation. La corolle sert d'enveloppe à des organes plus

Fig. 24. — Ketmie d'Orient (corolle splendide) (*Hibiscus Syriacus*).

importants qu'elle doit protéger, sur lesquels elle doit concentrer, par le poli de ses surfaces, ces flots de lumière qui se réunissent comme dans un foyer de chaleur, pour accélérer la formation des ovaires et leur développement.

Parmi les organes accessoires qui se rattachent à la

corolle, nous devons parler de certains renflements charnus, qui distillent des sucs particuliers et mielleux dont les insectes sont très friands ; on a donné à ces sortes de glandes végétales le nom de *nectaires*. La position des nectaires est tantôt entre les filaments des étamines, comme dans les crucifères ; tantôt à la base de l'ovaire, où ils forment un sorte de bourrelet, comme dans les personnées, etc.

Quelles sont les fonctions de ces glandes nectarifères? On peut les regarder comme la source féconde du parfum et de la suavité des fruits. Depuis l'instant où, d'abord faibles embryons, ils ont reçu dans l'ovaire le souffle de la vie, ils n'ont cessé d'être abreuvés et perfectionnés par ces sucs alimentaires. Souvent ces sucs se répandent au dehors sous la forme d'une liqueur douce et sucrée qui pourrait tenter la sensualité de l'homme, s'il pouvait en disposer facilement. Mais comment convertir ces sucs à son usage? Quels instruments inventera-t-il pour enlever ces parcelles à peine visibles? Mais ce que l'homme ne peut faire, un faible insecte, une simple abeille, l'exécute tous les jours. C'est à elle que la Providence a destiné le superflu des sucs nourriciers du fruit. Elle l'a, en conséquence, pourvue d'organes propres à exploiter ces biens précieux, auxquels son existence est attachée ; elle lui a donné une trompe déliée pour pénétrer dans les moindres replis des fleurs ; un estomac pour élaborer ce mélange de sucs divers, et les réduire en une substance homogène ; elle y a ajouté la faculté de les dégorger et de les déposer dans des alvéoles pour ali-

menter la jeune abeille près de sortir de l'œuf, tandis
que l'industrie de l'homme est ici bornée à dérober et à
s'approprier le contenu des magasins de cette petite
troupe ailée, le miel, cause et source de la suavité et
du parfum des fruits.

Fig. 25. — Arabette de printemps (*Arabis*).

C'est l'Allemand Conrad Sprengel, qui a fait connaître, par un grand nombre d'observations, le rôle
physiologique de la corolle et des nectaires, c'est lui
qui a découvert cet anneau de plus dans la grande
chaîne qui lie le règne végétal au règne animal. Il allait, avec une patience toute germanique, passer des
jours entiers dans la campagne, couché au pied d'une

plante; il attendait, l'œil constamment fixé sur la fleur dont les anthères n'étaient pas encore ouvertes. Enfin, après une surveillance immobile et silencieuse, qui se prolongeait souvent jusqu'au soir, il voyait arriver le messager aérien dont il avait entrepris d'explorer la manœuvre. L'insecte, après quelques évolutions préliminaires, pénétrait dans la corolle et y faisait son repas; puis, quand il était sorti, Sprengel voyait des grains de pollen attachés au stigmate et il rentrait chez lui, content de sa journée.

C'est surtout depuis la venue du grand Linné que l'on rencontre de ces *âmes divines,* pour qui seize heures sous le soleil ne sont qu'une minute, quand il s'agit d'observer les merveilles de la création.

Nous venons de voir comme ces simples glandes, à peine observées, deviennent intéressantes. En effet, en même temps qu'elles alimentent dans les fruits cette chair savoureuse qui les enveloppe, elles sont une source féconde d'où découle cette substance sucrée, si délectable que les Anciens lui attribuaient une origine céleste. Son abondance si grande que des milliers d'ouvriers sont continuellement occupés à l'extraire de ses réservoirs (rayons de miel), et à en former des magasins si considérables, qu'ils suffisent à l'immense consommation que l'homme en fait tous les jours.

Formes de la corolle. — Ce qu'il y a de plus attrayant, peut-être, dans l'étude des plantes, où tout est jouissance, est l'attention qu'il faut donner aux formes de la corolle pour les distinguer. Tournefort et

Linné, ces deux illustres botanistes, dont la méthode
se rattache à l'examen de la corolle ou des étamines et
du pistil, ont plus fait pour faire aimer cette science,

Fig. 26. — Nélombo d'Amérique (*Nelumbo speciosum*. Wild).

la mettre à la portée de tous et en propager le goût,
que les plus savants physiologistes par la profondeur
de leurs recherches. Quand on analyse une corolle
et que les doigts en séparent toutes les pièces, la vue

ne peut se détacher de ces formes gracieuses, de ces tons de couleurs si agréablement nuancés; et quand, au milieu de ces jouissances qui semblent n'affecter que les sens, on parvient à connaître le jeu et la destination de toutes ces pièces, l'âme est pénétrée d'admiration pour la beauté et la grandeur des œuvres du Tout-Puissant, et ce que nous regardions comme une simple distraction, devient pour nous un motif de plus pour louer le grand Dieu qui nous a créés.

La corolle peut, comme le calice, se composer de plusieurs parties ou appendices qui ont quelque analogie avec les feuilles et qui prennent le nom de *pétales*. Ce sont de grandes lames minces, délicates, à coloration vive, d'où le vert est presque toujours exclu.

La corolle est *monopétale,* c'est-à-dire d'une seule pièce, ou *polypétale,* de plusieurs pièces. Ainsi que dans les sépales, les pétales peuvent être distincts l'un de l'autre, comme dans la rose, le Coquelicot, l'Œillet, ou soudés entre eux par les bords sur une longueur plus ou moins grande, comme dans le Tabac, la Campanule, le Liseron. Dans ce dernier cas, les dentelures, les sinuosités, les plis de la corolle, font connaître le nombre des pétales assemblés.

Il y a des corolles en forme de cloche, comme le *Liseron*, etc., d'autres en forme de roue, comme la *Pomme de terre*, la *Morelle*, etc; d'autres en forme de lèvres, comme dans les *labiées* ou à deux lèvres (la Sauge, la Lavande, la Menthe); d'autres en *masque* ou en *gueule*, comme les personnées (1) (le Mufle de veau).

La corolle est encore dite *papilionacée*, disposée en ailes de papillon comme dans le Pois ; *cruciforme*, en croix, comme dans le Cresson ; *rosacée*, disposée en rosace, comme dans la Rose simple; *caryophyllée*, composée de cinq pétales dont la base est enfermée dans dans le calice, comme dans l'Œillet.

Mentionnons encore les fleurs *composées* ou *synanthérées*, famille la plus nombreuse de toute la botanique, et qui ne comprend pas moins de neuf mille espèces, qui se composent de trois tribus.

Les *flosculeuses*, composées d'une réunion de *fleurons* ou petits tubes à cinq divisions régulières : le *Chardon,* le *Bluet,* etc.

Les *semi-flosculeuses*, formées d'une réunion de *demi-fleurons* ou tubes grêles, dont le limbe se prolonge d'un seul côté en une sorte de languette, comme dans la *Chicorée,* le *Pissenlit*, la *Laitue,* etc.

Les *radiées*, composées de fleurons et de demi-fleurons en même temps, les premiers au centre et les seconds à la circonférence de la fleur ; ex. la *Camomille,* le *Séneçon*, le *Dahlia*, etc.

La multiplication des synanthérées se fait avec beaucoup de rapidité. Comme leurs graines sont nombreuses et le plus souvent garnies d'un duvet fin, que le vent emporte facilement, elles sont transportées, par les courants d'air, à des distances incroyables.

(1) De *persona,* masque, « nom très applicable assurément à la plupart des gens qui portent parmi nous le nom de personnes », dit avec amertume J.-J. Rousseau, dans ses *Lettres sur la botanique.*

Qui de nous n'a vu souvent quelques-unes de ces graines voyageant dans l'atmosphère ; aussi sont-elles disséminées dans toutes les parties du globe, où l'on en trouve un grand nombre d'espèces, différant en cela des autres plantes dont la plupart ne viennent que dans certaines régions.

Dimensions extraordinaires de certaines fleurs. —

Fig. 27. — Pêcher (*Persica vulgaris*). Fleur.

Il y a des fleurs qui ont des dimensions vraiment remarquables. On cite deux Aristoloches, qui habitent les terres équinoxiales. Ces végétaux ont de si grandes fleurs que les enfants s'en font des sortes de casques parce que la forme singulière de ces fleurs y prête beaucoup. On cite surtout l'*Aristolochia gigantea* et *cardiflora*, qui ont 1^m,03 de pourtour et même plus. — Mais que dire de la fleur du *Raflesia Arnoldi* qui se trouve dans les solitudes de l'île de Sumatra et

qu'on ne connaît que depuis 1818. Cette singulière
fleur a près de 3 mètres de circonférence et pèse jusqu'à 7 kilogrammes ; son épaisseur dépasse 12 à 15
millimètres. Ce qu'il y a de singulier, c'est que ce végétal extraordinaire vit en parasite, sans tige ni feuilles, sur les racines du *Cissus angustifolia*.

Fig. 28. — Jacinthe d'Orient (*Hyacinthus Orientalis*).

Beauté des fleurs. — Parmi ces innombrables
fleurs qui embellissent nos jardins, il n'en est aucune
qui ne mérite d'attirer notre attention ; mais où puiser
des couleurs, où prendre des mots pour peindre et décrire toutes les beautés de ces ravissantes productions dans lesquelles la sagesse divine a prodigué les
grâces et l'élégance des formes, l'éclat et la variété

des couleurs et des nuances, la suavité des parfums?
Écoutons Delille.

..... Les Fleurs, luxe de la nature;
Les Fleurs, son plus doux soin; les fleurs, berceau des fruits!
Quelle forme élégante et quel frais coloris!
C'est l'azur, le rubis, l'opale, la topaze;
Tournés en globe, en frange, en diadème, en vase;
Les Fleurs charment le goût, l'odorat et les yeux;
Dans les palais des rois, dans les temples de Dieu,   .
Souvent l'or fastueux le cède à leurs guirlandes.

. . . .
Pour rendre leurs contours, leur flexible souplesse,
Le marbre même semble emprunter leur mollesse;
Le peintre les chérit; sous les doigts du brodeur,
L'art n'en laisse au désir regretter que l'odeur, etc.

Les fleurs! — Ce nom seul réjouit le cœur de
l'homme. En effet, le spectacle le plus digne de notre
admiration, quand nous contemplons les merveilles
de la nature, est sans contredit celui d'une campagne
ou d'un jardin décoré de ces fleurs magnifiques dans
lesquelles s'offre réuni tout ce qu'il y a de plus brillant, de plus vif et de plus varié en couleurs.

Les fleurs, ces chefs-d'œuvre qui ne peuvent être
comparées à aucun des autres êtres, mais qui servent
elles-mêmes de comparaison pour tout ce qui brille
par les formes, les grâces et la beauté. Les fleurs semblent chargées par la nature de répandre sur la vie
de l'homme comme une rosée d'innocents plaisirs,
de suavité, de douceur, et de là, cette figure, si
généralement admise, qui donne le nom de *fleur* à
tout ce qui excelle en agrément et en fraîcheur :

fleur de l'âge, *fleur* du style, *fleur* de nouveauté, etc.

Quels charmes les premiers beaux jours du printemps ne répandent-ils pas sur les végétaux divers
qui, comme au jour de leur création, semblent éclore
au souffle de la toute-puissance éternelle ! Avec quel
art magique cette même puissance ne sait-elle pas
mêler les couleurs qu'elle leur distribue, et les oppo-

Fig. 29. — Lychnis blanc (*Melandrium*).

ser l'une à l'autre pour en former un contraste surprenant! Jamais de ces mélanges maladroits, de ces
écarts qui sont le fruit de notre ignorance ; toujours
des beautés découvrant l'*Intelligence* qui les a faites?
Sur un fond de verdure différemment nuancé, la nature a disséminé ses groupes de couleurs avec une variété qui nous frappe d'admiration. Les fleurs sont
un des plus brillants objets de la nature qui puissent
s'offrir au pinceau des peintres. On ne peut guère

comparer à leurs couleurs unies et variées que l'émail
nuancé dont brillent certains coquillages, certains oiseaux et les plus beaux papillons.

« La fleur, dit Chateaubriand, dans son *Génie du
christianisme* donne le miel; elle est la fille du matin, le charme du printemps, la source des parfums,
la grâce des vierges, l'amour des poètes; elle passe
vite comme l'homme, mais elle rend doucement ses
feuilles à la terre. Chez les Anciens, elle couronnait
la coupe du banquet et les cheveux blancs du sage;
les premiers chrétiens en couvraient les martyrs et
l'autel des Catacombes (1); aujourd'hui, et en mémoire de ces antiques jours, nous la mettons dans nos
temples. Dans le monde nous attribuons nos affections
à ses couleurs : l'espérance à sa verdure; l'innocence
à sa blancheur; la pudeur à ses teintes de rose; il y
a des nations entières où elle est l'interprète des sentiments; livre charmant qui ne renferme aucune erreur dangereuse et ne garde que l'histoire fugitive des
révolutions du cœur. »

Changement extraordinaire dans la forme des fleurs.
— *Surprise de Linné.* — Une plante change quelquefois totalement la forme de ses fleurs, dans la
génération qui la reproduit. Ce phénomène étonna
beaucoup le célèbre Linné, la première fois qu'on le
lui fit observer. Un de ses élèves lui apporta un jour
une plante parfaitement semblable à la *Linaire*, à

---

(1) Il y a, dans cette belle page du grand écrivain, une inexactitude :
les premiers chrétiens, au rapport de Tertullien, ne couvraient point de
fleurs les martyrs ni les autels.

l'exception de la fleur; la couleur, la saveur, les
feuilles, la tige, la racine, le calice, le péricarpe, la
semence, enfin l'odeur qui en est remarquable, étaient
exactement les mêmes, excepté que ses fleurs étaient
en *entonnoir,* tandis que la linaire les porte en gueule.
Linné crut d'abord que son élève avait voulu éprouver
sa science, en adaptant sur la tige de cette plante,
une fleur étrangère; mais il s'assura que c'était une
vraie linaire dont la nature avait totalement changé
la fleur. On l'avait trouvée parmi d'autres *linaires,*
dans une île à sept milles d'Upsal, près du rivage de la
mer, sur un fond de sable et de gravier. Il éprouva lui-
même qu'elle se perpétuait dans ce nouvel état,
par ses semences. Il en trouva depuis dans d'autres
lieux, et, ce qu'il y a de plus extraordinaire, il y en
avait parmi celles-là qui portaient sur le même pied
des fleurs en entonnoir et des fleurs en gueule. Il donna
à ce nouveau végétal le nom de *Pélore,* d'un mot grec
qui signifie prodige. Il observa depuis les mêmes variations dans d'autres espèces de plantes, entre autres
dans le *Chardon Eriocéphale,* dont les fleurs produisent chaque année dans le jardin d'Upsal, le chardon
bourru des Pyrénées. Cet illustre botaniste explique
ces transformations comme les effets d'une génération
métive, altérée par les poussières fécondantes de quelque autre fleur du voisinage. Cela peut être; cependant on peut opposer à son opinion les fleurs de la
Pélore et de la Linaire, qu'il a trouvées réunies sur
le même individu. Si c'était la fécondation qui trans-
formât cette plante, elle devrait donner des fleurs

semblables dans l'individu entier. D'ailleurs il a observé lui-même qu'il n'y avait aucune altération dans
les autres parties de la Pélore, ainsi que dans ses vertus, et il doit y en avoir comme dans sa fleur, si elle
est produite par le mélange de quelque race étrangère.
Enfin, elle se reproduit en Pélore par ses semences,
ce qui n'arrive à aucune espèce mulâtre dans les ani-

Fig. 30. — Aubépine (*Cratægus oxyacantha*).

maux. Cette stérilité, dans les branches métives, est
un effet de la sage constance de la nature, qui inter-
cepte les générations divergentes, pour empêcher les
espèces primordiales de se confondre et de disparaître
à la longue.

S'il y a quelque caractère constant dans les plantes,
il faut le chercher dans le fruit. C'est là que la nature
a ordonné toutes les parties de la végétation, comme

à l'objet principal. Ce mot de la sagesse même, « Vous les connaîtrez à leurs fruits », appartient au moins autant aux plantes qu'aux hommes.

Remarque sur la culture des Rosiers. — Voulez-vous obtenir des variétés appartenant au groupe des hybrides remontants une abondante floraison automnale? Supprimez avec soin les fleurs, au fur et à mesure qu'elles se fanent, en veillant à ne pas endommager l'œil situé immédiatement au-dessous de leur queue (pédoncule). Vous empêcherez ainsi vos plantes de s'épuiser par une fructification inutile et vous provoquerez le développement de nouveaux bourgeons florifères.

C'est bien simple, comme vous le voyez. Il en est de même de bien des opérations culturales qui semblent insignifiantes et qui donnent des résultats quelquefois surprenants lorsqu'elles sont bien appliquées.

Nous pouvons indiquer comme étant de ce nombre *l'incision annulaire,* que l'on pratique sur la vigne pour obtenir une augmentation du volume du raisin et déterminer sa maturité plus hâtive. Cette opération consiste à enlever un anneau d'écorce d'environ 5 millimètres de largeur sur les rameaux qui portent des grappes, avant, pendant ou après la floraison. C'est à deux ou trois centimètres *au-dessous* de la grappe la plus inférieure qu'il faut pratiquer cette opération.

CHAPITRE II.

I. Organes mâles. — Les étamines, qui se composent de trois parties, l'anthère, le filet, le pollen. — *II. Organes femelles.* — Le pistil, sa composition : stigmate, style, ovaire.

I. ORGANES MALES.

Presque toutes les fleurs portent dans l'intérieur de la corolle et autour d'un axe central, plusieurs petits filaments qui ressemblent à de petites colonnes, d'un blanc d'albâtre, et rangées circulairement. Elles soutiennent à leur sommet une sorte de capsule ou petit sachet, fixe ou balancé sur son pivot contenant une sorte de poussière jaune. Cette capsule porte le nom d'*anthère,* et son support est appelé filament et on nomme *étamines* les deux ensemble.

La partie indispensable d'une étamine est l'anthère, avec son contenu poudreux, qu'on appelle *pollen* ordinairement jaune, et dont la fonction est de fertiliser les semences et d'éveiller en elles la vie quand elles commencent à se former dans l'ovaire (fig. 31).

Il suffit donc de l'anthère pour constituer une étamine.

Examiné au microscope, il apparaît comme un
amas d'innombrables granules, tous pareils de forme
et de dimension dans la même plante, mais très va-

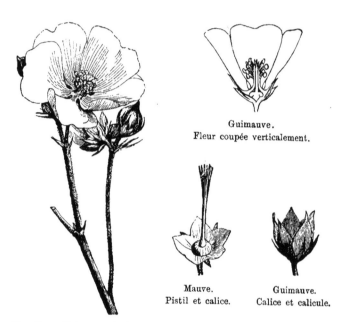

Guimauve.
Fleur coupée verticalement.

Mauve.
Pistil et calice.

Guimauve.
Calice et calicule.

Fig. 31. — Guimauve officinale
(*Althea officinalis*).

riable d'une espèce à l'autre. Par leur configuration
diversifiée, par les élégants dessins de leur surface,
les grains de pollen sont un des sujets les plus intéressants des observations microscopiques. Il y en a de
sphériques, d'ovulaires, d'allongés comme des grains
de blé. D'autres ressemblent à de petits tonneaux, à
des boules cernées par un ruban spiral. Quelques-uns

sont triangulaires avec les angles arrondis; d'autres
affectent la forme de cubes à arêtes émoussées. Ceux-
ci sont lisses à la surface ou hérissés uniformément de
fines rugosités; ceux-là se taillent en polyèdres dont
les faces sont encadrées dans un rebord saillant, ou bien
se plissent d'une extrémité à l'autre de sillons semblables à des méridiens. Oh! voilà bien le pas de Dieu
rencontré par Linné, tous sont remplis d'un liquide
visqueux au sein duquel nagent d'innombrables et
très fines granulations. Ce contenu, partie active du
pollen, se nomme *Fovilla*.

Anthère, filet, pollen.

L'*anthère* se présente à l'extérieur sous l'apparence d'une petite capsule ordinairement à deux loges.

C'est dans ces loges qu'est contenu le pollen, substance qui se présente presque toujours sous l'apparence d'une poussière composée de petits grains de
couleur jaune, orange ou rougeâtre, et d'une ténuité
extrême. Par eux-mêmes, les rudiments des graines ou
les ovules contenus dans les ovaires, ne peuvent devenir des substances fécondes, propres à germer et à
reproduire la plante. Il leur faut un agent complémentaire, sans lequel l'ovaire ne tarderait pas à se
flétrir, impuissant à se développer en fruit. Cet agent
complémentaire est le *pollen*, qui éveille la vie dans
l'ovule et y suscite la naissance d'un germe. Quand les
valves des anthères s'ouvrent, cette poussière se répand au-dehors; la fleur est dans la plénitude de l'é-

panouissement ; alors le stigmate transpire un liquide
visqueux sur lequel se fixent englués les grains de
pollen tombés des anthères, ou apportés par les vents
et surtout par les insectes, qui, d'une fleur à l'autre,
butinent et s'enfarinent de la poussière pollinique.
Une fois le pollen parvenu sur le stigmate, la fleur
ne tarde pas à se faner ; mais alors l'ovaire prend une
activité nouvelle, il grossit et devient le fruit, plein de
semences propres à germer, comme nous le verrons
en parlant du fruit.

Les grains de pollen diffèrent souvent dans les différentes espèces de plantes. Pour les bien observer, il
faut les mettre sur l'eau. L'humidité les dilate et fait
paraître leur véritable forme. Les uns sont oblongs,
comme dans les ombellifères ; les autres sont globu-
leux, dans les cucurbitacées ; dans les salsifis, ils sont
icosaèdres ou à vingt côtés : ceux-ci approchent de
la forme pyramidale, triangulaire dans le Fuchsia, etc.,
d'autres ont des côtes comme le melon cantaloup,
ex. la Consoude ; dans le Rhododendron, la Balsamine,
l'Épilobe, etc., ils sont attachés les uns aux autres par
des fils d'une extrême finesse. Chaque corpuscule,
mis sur l'eau, s'enfle, se dilate et crève. On voit sortir
alors, par l'ouverture, un jet de matière liquide qui
s'allonge en serpentant, et s'élargit bientôt comme
un léger nuage à la surface de l'eau. Cette matière
paraît être de la nature des huiles. On a pu distinguer
trente-quatre variétés de pollen, et Fritzche, écrivain
moderne, estime qu'il y en a bien d'autres.

La sage Providence, qui a façonné en poussières

ténues le principe de la fructification chez les plantes terrestres, parce qu'il est dans un fluide aussi léger que l'air, lui a donné dans les plantes marines la forme d'un fluide mucilagineux, approprié à l'élément dans lequel il doit déployer son action. Disons donc que si Dieu est grand dans les grandes choses, il est encore plus grand dans les petites : *magnus in magnis, maximus in minimis*.

Les plus précieux auxiliaires de la fécondation des

Fig. 32. — Nymphéa commun ou lis d'eau (*Nymphæa alba*).

végétaux, sont les insectes. En effet, ils colportent le pollen d'une fleur à l'autre et favorisent ainsi sa dispersion parmi les étamines d'une même fleur. Aussi a-t-on dit que les insectes, contemporains des fleurs, sont pour elles des messagers reconnaissants, qui, pour payer l'hospitalité qu'ils en reçoivent, distribuent, dans l'hôtellerie où ils arrivent, le pollen recueilli dans l'hôtellerie qu'ils viennent de quitter.

Il y a quarante à cinquante ans, les physiologistes admettaient universellement que le grain de pollen, tombé sur le stigmate, descendait le long du style, et

qu'arrivé près de l'ovaire, il y pénétrait par une
ouverture spéciale appelée *micropyle* (petite porte) ;
là, il se passait une opération mystérieuse, une excitation vitale, suivant les uns ; une greffe de deux utricu-
les suivant les autres, et l'embryon se développait.
Schleiden est venu depuis changer le rôle des organes : suivant lui, l'ovaire n'est qu'un récipient, une
enveloppe destinée à recevoir l'embryon : c'est le
pollen qui contient l'embryon, et l'ovaire n'a d'autre
rôle que d'en favoriser le développement. Nous croyons
plutôt que le rôle exclusif du pollen est de féconder
l'embryon.

Expérience sur la fécondation de la Citrouille. —
La citrouille est monoïque, c'est-à-dire que sur le
même pied se trouvent des fleurs pistillées et des fleurs
staminées, très faciles à distinguer les unes des autres,
même avant tout épanouissement. Les premières ont,
au-dessous de la corolle, un gros renflement qui est
l'ovaire, les secondes n'ont rien de pareil. Sur un
pied de citrouille isolé, coupons les fleurs staminées,
avant qu'elles s'ouvrent, et laissons les fleurs pistillées. Pour plus de sûreté, enveloppons chacune de
celles-ci d'une coiffe de gaze assez ample pour permettre à la fleur de se développer sans entraves. Cette
séquestration doit être faite avant l'épanouissement,
pour être certain que le stigmate n'a pas déjà reçu du
pollen. Dans ces conditions, ne pouvant recevoir la
poussière staminale, puisque les fleurs à étamines sont
supprimées, et que d'ailleurs l'enveloppe de gaze
arrête les insectes qui pourraient en apporter du voi-

sinage, les fleurs à pistil se fanent après avoir langui quelque temps, et leur ovaire se dessèche sans grossir en citrouille. Voulons-nous, au contraire, que telle ou telle fleur à notre choix fructifie malgré l'enceinte de gaze et la suppression des fleurs à étamines? Du bout du doigt, prenons un peu de pollen et déposons-le sur le stigmate; puis remettons en place l'enveloppe ; cela suffira pour que l'ovaire devienne citrouille et donne des graines fertiles.

II. ORGANES FEMELLES.

Le pistil, sa composition : stigmate, style, ovaire.

Le pistil est l'axe central qu'entourent les étamines. Comme ces organes peu apparents sont ordinairement cachés par l'enveloppe florale, ils ne fixent guère l'attention quoiqu'ils la méritent cependant tout entière. En effet, le développement des germes et la fécondité des fruits dépendent de leur existence et de leurs opérations. Si ces filaments viennent à périr trop tôt, les semences sont frappées de stérilité, le fruit se dessèche, se flétrit et ne mûrit point. Les Anciens n'avaient presque point fait attention à ces parties de la fleur; les modernes les avaient bien remarquées, mais ils n'avaient pu en deviner l'usage. Ce n'est qu'au siècle dernier que, grâce au microscope, on en a découvert les fonctions admirables (fig. 33).

Maintenant examinons le pistil, et prenons pour exemple le *Pied-d'alouette.* Nous y trouvons trois

petits sacs ventrus, à l'intérieur desquels les jeunes
semences ou *ovules* sont rangées le long de la paroi.
Chacun d'eux est surmonté d'un court filament que

termine une tête peu ap-
parente, mais de nature
spéciale. On donne à
chacun de ces sacs le nom
de *carpelle.* La cavité est

Fig. 33. — Nénuphar jaune   Nénuphar.   Nénuphar.
(*Nuphar luteum*).   Étamine.   Pistil.

l'ovaire, le pro-
longement fili-

Nénuphar. Graine entière.   Nénuphar jaune. Fleur coupée verticalement.

forme est le *style,* la tête terminale est le *stygmate.*
    Dans toute autre fleur, le pistil se compose aussi
de carpelles, parfois au nombre d'un seul pour chaque
fleur, mais plus fréquemment groupés plusieurs en-

semble. Dans ce dernier cas, les carpelles se soudent habituellement entre eux. Tantôt la réunion a lieu par les ovaires seulement, tandis que les styles et les stigmates restent séparés; tantôt la soudure porte à la fois sur les ovaires et les styles et ne laisse libres que les stigmates; tantôt enfin les carpelles sont assemblés dans toutes leurs parties en un organe qui paraît simple. Pour reconnaître de combien de carpelles se compose un pareil pistil, il suffit de couper transversalement l'ovaire. Le pistil comprend autant de carpelles que cet ovaire commun présente de cavités ou de *loges*. On reconnaît ainsi que le pistil du *Lis* est formé de trois carpelles assemblés en un tout d'apparence simple; que la *Pomme,* qui n'est que l'ovaire grossi et mûri de la fleur de pommier, résulte de cinq carpelles, car elle a cinq *loges* entourées d'une paroi coriace, qui vous agace tant les dents, quand on les croque, et contenant les *graines* ou *pépins.*

Les étamines, les pistils et leurs appendices sont les parties les plus essentielles des plantes, puisque sans ces organes il n'y aurait n'y fruit, ni graine. Aussi rien de plus merveilleux que les précautions employées par Dieu, l'Intelligence suprême, pour les garantir des nombreux accidents qui les environnent de toutes parts. C'est dans le centre de la fleur, c'est au milieu de la corolle qu'elles sont placées; elles y reçoivent avec plus d'avantage la chaleur d'un soleil bienfaisant dont les rayons se réunissent sur le disque poli et vernissé des pétales, comme dans le foyer d'un miroir

poli. C'est pour recevoir les douces influences de cet
astre qu'elles développent toute la beauté de leurs
formes; mais à l'approche de la nuit ou d'un temps
humide les pétales se réunissent, la corolle se ferme,
et par ce moyen ces parties délicates se trouvent ga-
ranties des intempéries de l'atmosphère.
C'est ainsi que dans un beau jour de printemps cette prairie émaillée de fleurs, toute
couverte de fleurs argentées ou dorées, si

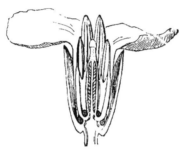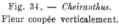

Fig. 34. — *Cheiranthus.*
Fleur coupée verticalement.   *Cheiranthus.* Pistil.   *Cheiranthus.*
                                                                    Silique.

nous la revoyons au coucher du soleil, ne nous offrira plus qu'une verdure uniforme. Ce phénomène a été
très ingénieusement nommé *sommeil*
par l'illustre Linné.

Cheiranthus.
Androcée et nectaire.

Nous devons dire cependant, que
toutes les fleurs n'ont pas la faculté
de fermer leur corolle, mais les étamines et les pistils
n'en sont pas moins défendus et protégés. Certaines
fleurs, comme le lis, la tulipe, etc., courbent leur pédoncule, s'inclinent, et présentent, dans cette position,

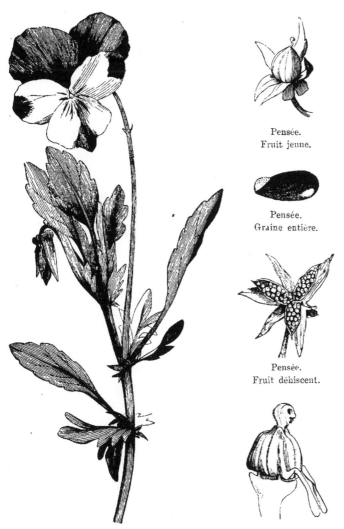

Pensée.
Fruit jeune.

Pensée.
Graine entière.

Pensée.
Fruit déhiscent.

Fig. 85. — Violette tricolore, vulgairement *Pensée* (*Viola tricolor*).

Pensée
Androcée et pistil.

un toit solide, sous lequel ces précieux organes sont

en sûreté; dans d'autres, comme dans les labiées et les papilionacées, les étamines et les pistils sont renfermés dans un des pétales, dont la forme est en casque ou en capuchon. Dans quelques-uns enfin, dont la corolle reste ouverte en tout temps sans changer de situation, comme dans les *Iris*, les étamines couchées sur les pétales sont recouvertes par le stygmate, qui, dans ces sortes de plantes, est très large et prend la forme d'un pétale.

Ce n'est donc pas uniquement pour réjouir notre vue que ces formes si variées de fleurs, que nous admirons avec tant de raison, ont été créées : la nature cache sous des dehors brillants ses plus sublimes et ses plus mystérieuses opérations. Ainsi, la corolle, d'une substance fine et délicate, pourrait quelquefois être insuffisante pour garantir les organes qu'elle contient. Elle est soutenue, comme nous l'avons vu plus haut, par le calice, enveloppe plus forte et plus épaisse. C'est entre ce double rempart que les étamines et les pistils exécutent leurs mystérieuses fonctions. Dès que ces parties ont rempli le but pour lequel elles ont été créées, elles se fanent et se dessèchent aussitôt. La corolle elle-même perd son éclat, se flétrit et meurt. Mais le calice, dont la mission n'est pas finie, dure plus longtemps; il persiste souvent avec le fruit qu'il enveloppe par la base, fait corps avec lui, en devient comme l'épiderme, ou bien il se gonfle, s'étend et forme une espèce de sac dans lequel le fruit est renfermé.

Plantes monoïques et plantes dioïques. — La grande majorité des plantes possède, réunis dans la même

fleur, le pistil au centre et les étamines autour du pistil; mais quelques végétaux ont *deux espèces de fleurs,*
qui se complètent mutuellement, les unes donnant
le pollen, les autres les ovules. A l'intérieur de leurs
enveloppes florales, les fleurs uniquement destinées à
produire du pollen, ne contiennent que des étamines
sans pistil.

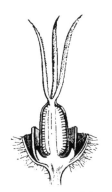

Fig. 36.— *Melandrium
dioicum*. Coupe
verticale du pistil.

*Melan-
drium
dioicum*.
Andro-
cée en-
tourant
un
pistil
avorté.

*Melandrium
dioicum*.
Fruit
déhiscent.

*Melandrium
dioicum*.
Graine.

Elles se nomment fleurs à étamines ou staminées.

Les autres, uniquement destinées à produire des
ovules, ne contiennent que des pistils sans étamines.

On les nomme fleurs à pistils ou fleurs pistillées.
Ces deux sortes de fleurs viennent à la fois sur le
même pied.

C'est alors une plante monoïque.

Citons, par exemple, le Melon et la Citrouille qui
portent à la fois les deux genres de fleurs sur le même
rameau. Après l'émission du pollen, les fleurs à étami-

nes se fanent et se détachent de la plante sans laisser
la moindre trace ; les fleurs à pistils, tout d'abord re-
connaissables à leurs gros renflement intérieur, ne
tombent pas en entier, lorsqu'elles sont flétries : elles
laissent en place ce renflement, qui est l'ovaire et devient le fruit.

Tantôt, enfin, les fleurs staminées et les fleurs pistillées, se trouvent sur des pieds différents, de sorte
que, pour leur fructification, deux individus distincts
sont nécessaires, l'un fournissant le pollen et l'autre
les ovules.

C'est la plante dioïque.

Seule, la plante pistillée fructifie et donne des graines ; la plante staminée n'en donne jamais, mais elle
n'en est pas moins indispensable, car, en l'absence du
pollen la fructification est impossible.

Tel est le chanvre dans lequel les paysans prennent
le mâle pour la femelle, et vice versa.

CHAPITRE III.

LES FRUITS.

Nous avons vu que le pollen avait pour mission de féconder la fleur. En effet, quand le stigmate a saisi le pollen, la matière gluante, dont sa surface est couverte, le retient ; alors il pénètre dans l'ovaire et se met en contact avec les petits grains appelés *ovules*, qui y sont logés. Ceux-ci sont alors fécondés et deviennent les graines qui devront reproduire le végétal.

Après la fécondation des ovules, les étamines, le style et le stigmate, ainsi que le calice et la corolle se flétrissent, tandis que l'ovaire grossit et se dilate avec les graines qu'il renferme. C'est le *fruit*. Dans les fleurs où le calice et la corolle sont soudés à l'ovaire par leur base, cette partie adhérente fait aussi partie du fruit. Exemple : la pomme, la poire, la nèfle, etc. (fig. 37).

Le fruit est la production qui succède à la fleur dans les végétaux et qui sert à les propager; c'est véritablement l'ovaire de la fleur parvenu à son état de perfection ou de maturité; c'est le dernier produit de la végétation, le résultat vers lequel elle n'a cessé de tendre depuis le premier développement de l'embryon. Le fruit est le berceau dans lequel sommeille le germe. Il est éveillé par la germination qui le livre à ses propres forces, et le met plus particulièrement en possession de la vie.

Pour atteindre ce degré de développement, l'ovaire attire à lui tous les sucs nourriciers de la tige; alors, la fleur change d'aspect, les étamines se flétrissent et se détachent, la corolle se dessèche et tombe : souvent aussi le calice éprouve le même sort.

Un nouveau spectacle succède alors aux fleurs qui disparaissent et remplace la parure des beaux jours. Les Sorbiers, les Néfliers, les Nerpruns au vert feuillage, dépouillés de leur corolle, étalent avec luxe des fruits d'un rouge écarlate; ce sont les Pommes d'or des Hospérides succédant aux fleurs parfumées de l'Oranger. Qui n'admire mille fois le tendre duvet de la Pêche, la Cerise empourprée, les fruits monstrueux des Cucurbitacées, la figue entr' ouverte, laissant couler son suc en gouttes de miel et de cristal? Quel est cet alambic distillatoire qui amollit la chair des fruits pulpeux, et convertit en un acide doux et sucré leur substance dure ou coriace? Comme on aperçoit bien le doigt de Dieu dans cette abondance et dans cette diversité de fruits qui montrent si bien

sa munificence. Sa bonté se montre dans cette chair
épaisse et succulente, dans ces amandes si savou-
reuses, dans la substance farineuse et nutritive des
légumineuses, dans les grappes vermeilles de la Vigne.
La belle verdure a disparu, mais que de richesses
dans ces tiges d'un si beau jaune, dans ces épis
courbés sous le poids de leurs trésors ! N'est-il pas

Fig. 37. — Néflier (*Mespilus Germanica*).

évident que ces fruits sont faits pour l'homme, qu'ils
n'ont point été placés comme les semences des arbres des forêts, à une hauteur difficile à atteindre.
La même Intelligence qui a placé, à la portée de la
main, le bouquet qui flatte notre odorat, y a mis aussi
le fruit destiné à le nourrir.

Lorsqu'un fruit est parvenu à sa parfaite maturité,
la plante n'est plus parée que d'un reste d'ornement ;

la sève ne s'élève plus du collet de la racine dans la tige ; les feuilles qui sont le plus près de la terre jaunissent, se flétrissent et tombent les premières ; bientôt celles qui sont dans la partie supérieure de la plante, languissent et tombent à leur tour ; le but est atteint, la plante a rempli le rôle que Dieu lui a assigné ; elle périra si elle est annuelle, ou elle demeure dans un repos absolu si elle est vivace, jusqu'au printemps suivant, jusqu'au réveil de la nature.

Protection des fruits. — La Providence, toujours admirable, toujours prévoyante dans ses opérations, ne forme pas un fruit sans le pourvoir d'une enveloppe, sans lui donner une défense quelconque qui le protège contre l'intempérie des saisons, ou contre l'attaque des insectes qui pourraient altérer et même détruire ses facultés reproductives. Donc,

Le fruit, de quelque végétal qu'il provienne, est enfermé dans une enveloppe et se compose toujours de deux parties plus ou moins intimement unies ; qui sont le *péricarpe* et la *graine* (fig. 38).

Le péricarpe est l'enveloppe du fruit quelquefois sèche et membraneuse, quelquefois coriace et fibreuse, quelquefois épaisse et charnue, qui renferme et protège la graine, pour l'empêcher d'être altéré par la pression ou de devenir l'objet de la voracité des animaux.

On distingue dans l'épaisseur du péricarpe, trois parties :

1° l'*épicarpe,* membrane extérieure, mince, sorte d'épiderme, comme la peau de la Pomme, de la Pêche.

2° l'*endocarpe*, membrane différente, tantôt légère et molle, qui revêt la cavité intérieure, comme dans la gousse des légumineuses ; tantôt écailleuse, comme autour des pépins de la Pomme ; tantôt dure et ligneuse, comme dans les fruits à noyau.

Fig. 38. — Amandier.
Fruit mûr.

Amandier. Fruit ouvert
montrant le noyau.

Amandier commun.
Fleur ouverte.

Amandier. Graine coupée
verticalement.

3° le *mésocarpe,* partie charnue ou spongieuse qui se trouve entre l'épicarpe et l'endocarpe, et qui constitue la chair de nos fruits, ex. : le brou de la Noix, etc.

Ce sont ces trois parties, qui réunies et soudées intimement, constituent le péricarpe.

Considérons par exemple, une cerise, une prune, un abricot ou une pêche; ces fruits proviennent l'un et l'autre d'un carpelle unique contenant une seule graine dans sa loge. Le robuste *noyau*, qui défend la semence jusqu'à l'époque de la germination; en second lieu la *chair* succulente qui pour nous est une précieuse ressource alimentaire, la *peau* fine qui recouvre cette chair, tout cela réuni forme le péricarpe.

Comme nous venons de le dire,

l'épicarpe est la peau,

l'endocarpe, le noyau,

le mésocarpe, la chair.

Ainsi dans tout péricarpe, on trouve trois couches analogues, mais très variables, d'aspect, de nature, de consistance, d'épaisseur. Ainsi la Pomme et la Poire sont formées de cinq carpelles assemblés en apparence en un tout unique, mais dont on reconnaît la composition d'après le nombre des loges. La paroi coriace de ces loges ou l'étui cartilagineux, renfermant les pépins, est l'endocarpe du carpelle correspondant; la chair est le mésocarpe des cinq carpelles réunis, et la peau en est l'épicarpe, comme nous venons de le dire.

La graine est la partie interne du fruit, et contient le germe. Dans la Poire, la Pomme, la Pêche, le péricarpe est très distinct de la graine; mais dans le Blé, l'Orge, l'Avoine, etc., ces deux parties sont tellement adhérentes, qu'on a regardé longtemps ces semences comme dépourvues de péricarpe; ce qui est une erreur. Un grain de blé, un grain de seigle, sont des fruits tout aussi bien qu'une Pomme ou une Poire. (fig. 39).

La graine est formée d'un germe contenu dans deux masses charnues appelées *cotylédons,* qui, au moment de sa germination dans le sein de la terre, lui fournissent ses premiers éléments. Une membrane

Poirier.
Coupe verticale du fruit.

Fig. 39. — Poire d'Angleterre.

assez mince embrasse le tout. Il y a des germes qui n'ont qu'un seul cotylédon, comme nous le verrons.

Quelle immense variété! quel trésor de richesses dont la bonté divine est sagement prodigue envers nous! Tout à la fois bienfaisante et sage, libérale et économe, elle nous offre ses dons les uns après les autres pour varier et multiplier nos jouissances! Le

printemps a ses fruits, d'autres mûrissent en été, quelques-uns nous sont donnés au milieu de cette saison,
d'autres n'arrivent à leur maturité qu'en automne,
d'autres enfin qui ne sont bons à manger que dans
l'hiver.

La même convenance qui se trouve entre les fruits
et les saisons, se remarque entre les fruits et les climats. A mesure qu'on avance vers ces régions dont les
habitants voient le soleil passer et repasser sur leur
tête, on y trouve en abondance des fruits, non seulement fondants, comme le Melon, mais glacés, acides, et
pleins d'un suc rafraîchissant, tels que les Grenades,
les Oranges, les Citrons, les Ananas, etc. Dans les
pays brûlants où l'agriculture serait trop pénible,
quelques arbres fournissent d'abondants produits qui
suffisent à la nourriture de l'homme, sans exiger de
lui aucun travail ni aucune culture; tels sont le Bananier, le Cocotier, l'Arbre à pain, etc.

L'homme, vraiment digne de ce nom, ébloui, enchanté, à la vue d'un spectacle aussi magnifique que
celui que lui offre l'immense variété des produits de
la nature, est saisi d'un sentiment de reconnaissance.
Il remercie le Créateur qui a pourvu à ses besoins
avec tant de magnificence, il reconnaît qu'il n'y a
qu'un Être infini qui ait pu opérer une si grande merveille, et qu'elle ne peut être l'ouvrage du hasard.

Maintenant que n'aurions-nous pas à dire si nous
entreprenions de décrire la structure intime du
fruit étudié au microscope? Cette structure diffère pour chaque fruit, et il y a variété là comme

dans toutes les œuvres de la nature. La chair de la Poire, par exemple, est une masse formée par agglomération et par développement partiel d'un nombre considérable de sphéroïdes rayonnants, lesquels, vus au microscope, ressemblent à des fleurs radiées; on dirait des Marguerites, dont le centre ou le disque plus coloré serait formé par des pierres agglomérées, et les fleurons de la circonférence par des vésicules aqueuses et allongées.

On divise les fruits en quatre groupes ou classes, d'après le nombre et la disposition des carpelles dont ils se composent.

1° Fruits *simples* ou *apocarpés,* venant d'un seul carpelle, Ex. Orme, Amandier, Fève, Haricot, Riz, Orge, etc.

2° Fruits *multiples* ou *polycarpés,* provenant de plusieurs carpelles distincts et réunis dans une même fleur, en nombre variable; Ex. Fraisier, Framboisier, etc.

3° Fruits *soudés* ou *syncarpés,* provenant de plusieurs carpelles soudés ensemble dans une même fleur; Ex. Châtaignier, Noisetier, Pavot, Melon, Raisin, etc.

4° Fruits *composés* ou *synanthocarpés,* qui sont formés par la réunion de plusieurs ovaires, appartenant à des fleurs primitivement distinctes : Ex. Figuier, Mûrier, Ananas, etc.

ESPÈCES DE FRUITS.

Les principales espèces de fruits, sont :
1° La CAPSULE, fruit dont l'enveloppe sèche et mem-

braneuse, renferme les graines. Ex. Muflier, Pavot, etc.

2° La SILIQUE, fruit plus long que large ; elle est composée de deux pièces ou de deux battants. Les graines sont attachées alternativement des deux côtés, et souvent séparées par une mince cloison. Ex. le Chou, la Giroflée, etc.

3° La GOUSSE, appelée aussi LÉGUME est formée de deux battants, vulgairement de deux *cosses*. Sa forme varie beaucoup : elle est *cylindrique* dans le Lotier, (fig. 40) gonflée dans le Pois-chiche ; en *vessie* ou renflée dans le Baguenaudier ; tournée en *spirale*, dans la Luzerne ; enfin elle présente une foule d'autres modifications.

4° Le fruit à NOYAU, se compose d'une chair molle et succulente, renfermant un *noyau* au milieu duquel se trouve l'amande : ce fruit ne peut se confondre avec les précédents. Ex. la Pêche, la Prune, l'Abricot, la Cerise, etc.

5° Le fruit à PÉPINS ; chair plus ou moins succulente renferme au centre de petites loges, formées par des cloisons membraneuses qui renferment les semences appelés *pépins,* comme la Pomme, la Poire, etc.

6° La BAIE, fruit mou et charnu aussi, mais sans noyau, et dont la graine a la forme de petits pépins nageant dans une pulpe plus ou moins aqueuse, comme dans le Raisin et la Groseille.

7° Enfin, le CÔNE, fruit qui a la forme la plus extraordinaire, et qui, comme son nom l'indique, s'élève en pyramide. Ce sont des écailles appliquées les unes sur les autres et attachées à un axe commun par une

de leurs extrémités. C'est entre l'axe et les écailles
que sont renfermées les semences. C'est ce cône qu'on
nomme *Pomme de Pin,* lorsqu'il naît sur les arbres de
ce nom.

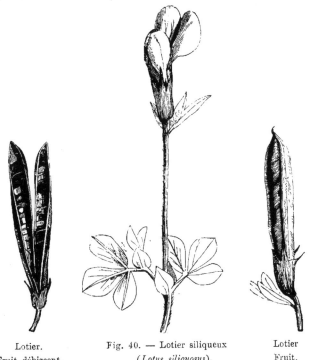

Lotier.   Fig. 40. — Lotier siliqueux   Lotier
Fruit déhiscent.   (*Lotus siliquosus*).   Fruit.

Le fruit, dans son acception la plus étendue, comprend même les grains et les légumes ; c'est dans ce
sens qu'on dit, en général, *les fruits de la terre,* dont
le plus grand nombre sert à la nourriture de l'homme.
Dans le langage vulgaire, les fruits sont les produits
des arbres dits *fruitiers,* sans avoir égard à la graine.

Dans ce cas, on cultive le fruit pour développer le péricarpe, et les moyens les plus efficaces pour atteindre ce but, perfectionner et accroître les produits, sont la greffe, la taille bien comprise, et le choix du sol qui convient aux espèces.

La plupart de nos meilleurs fruits nous sont venus de l'Orient et quelques-uns ont été apportés en Europe par les croisades. L'abricot nous vient de l'Arménie ; la cerise de l'ancien royaume du Pont, en Asie ; la pêche de la Perse ; la prune de la Syrie et la figue de la Mésopotamie.

Fruits utiles. — Si presque tous les fruits sont utiles à l'homme et un des plus beaux présents que la Providence, dans sa bonté, lui ait accordé, il faut compter aux premiers rangs le fruit de la vigne, qui donne une quantité innombrable de vins les plus délicieux et les plus variés. C'est la boisson fermentée la plus salutaire, qui réjouit le cœur de l'homme, dit l'Écriture, et qui, ajoutent certains malins, ne contriste pas le cœur de la femme. Chacun sait que l'*alcool,* si utile dans une foule d'industries, vient de la distillation du vin : malheureusement, l'homme qui abuse de tout, s'enivre parce qu'il ne sait pas modérer ses appétits, et tombe alors dans un état au-dessous de la bête ; heureux encore quand il ne s'empoisonne pas en absorbant toutes ces eaux-de-vie frelatées par un commerce immoral.

Le *cidre* et le *poiré* nous donnent aussi, par la fermentation, une boisson délicieuse ; l'olive donne la meilleure huile comestible. Les confitures et les sirops

rafraîchissants sont préparés, comme tout le monde
le sait, avec le fruit des cerises, des framboises, des

Fig. 41. — Palmier dattier.

groseilles, des abricots, etc. Les oranges et les citrons à l'état frais; les prunes, les dattes, les figues à
l'état sec, sont une des branches importantes du commerce.

CHAPITRE IV.

LA GRAINE.

Téguments de la graine. — Embryon. — Germination. — Dissémination. — Providence de Dieu dans la dissémination de la graine. —
Preuves bien saisissantes de l'existence et de la prévoyance du Dieu-
créateur. — Feuilles séminales. — Conservation des graines.

La graine est l'œuf de la plante ; c'est l'œuf végétal.
Elle est le résultat de la fécondation de la fleur. Chaque graine tient à la plante par un point où aboutis-
sent deux cordons.

Il ne faut pas confondre la graine ou semence avec
le fruit : elle n'en est qu'une partie. En effet, la
graine est cette partie d'un fruit parfait qui se trouve
contenue dans la cavité intérieure du péricarpe, et
qui renferme le corps destiné à la reproduction d'un
nouveau végétal.

La graine offre deux parties distinctes :

1° L'*épisperme* ou téguments propres qui servent à
la protéger et lui servent d'enveloppe ; la partie extérieure est grossière et roussâtre, la partie intérieure,

fine et blanche ; toutes deux faciles à séparer, à l'état de fraîcheur. L'extérieure se nomme *testa,* l'intérieure *tegmen.*

2° L'*amande* proprement dite, en dedans, qui renferme les cotylédons et l'embryon ou le germe. Un exemple fera mieux comprendre encore :

Considérons le fruit de l'amandier, mûr et à l'état frais. Cassons la coque ligneuse qui constitue l'endo-carpe ; alors apparaît la graine, ou vulgairement l'amande. Sur cette amande nous voyons aisément les deux enveloppes, qu'on isole facilement si elle est fraîche : comme nous l'avons vu, l'extérieure est roussâtre et l'intérieure, fine et blanche. Ce sont ces deux enveloppes qui, dans leur ensemble prennent le nom de *téguments* de la graine. Deux enveloppes analogues mais très variables d'aspect et de consistance, se retrouvent dans toute graine.

Ainsi, le caractère essentiel de la graine est de contenir un corps organisé, qui, placé dans des circonstances favorables, se développe et devient un être parfaitement semblable à celui dont il a tiré son origine : c'est l'EMBRYON.

L'embryon est la plante en miniature ; et la végétation a pour but de développer toutes ses parties. Dans notre ouvrage sur les *insectes,* nous avons vu qu'il en est de même pour les chrysalides et les nymphes, qui renferment l'insecte tout entier.

Cet embryon est tantôt seul, tantôt accompagné d'un autre corps auquel on a donné le nom de périsperme (autour de la semence). La partie du tissu de l'*ovule* qui n'est pas employée à la formation de l'embryon se change en périsperme. Ce corps a beaucoup d'analogie avec le *vitellus* ou jaune de l'œuf. Ce périsperme est tantôt dur comme de la corne, et tantôt farineux, oléagineux ou mucilagineux. La farine des céréales n'est que le périsperme broyé.

Fig. 42. — Abricotier commun (*Armeniaca vulgaris*). Fruits.

L'embryon est la partie la plus essentielle de la semence, et quoiqu'il soit ordinairement unique, on en compte quelquefois jusqu'à huit, comme dans l'Oranger.

Aussi, dans la graine des plantes, on retrouve les mêmes parties constituantes que dans l'*œuf* des oiseaux : les téguments protègent la graine, comme la coquille protège l'œuf.

L'amour que les animaux portent à leurs petits, leur instinct admirable (1) pour les préserver des dangers ou pour subvenir à leurs premiers besoins, leur force, leur courage, leurs ruses, sont autant de moyens qui assurent la durée des espèces; mais la sensibilité, aussi bien que les ressorts nécessaires pour les mouvements spontanés, a été refusée aux plantes, et cependant les races nombreuses du règne végétal se reproduisent annuellement sous nos yeux telles qu'elles se durent montrer aux premiers jours du monde.

EMBRYON. — Dans l'embryon, partie essentielle de la graine et destiné à reproduire une plante semblable à celle dont il provient, on distingue déjà, comme dans le cocon de certains insectes, les différentes parties de la plante en miniature :

1° La *radicule,* qui doit former la racine : elle est tantôt nue, tantôt renfermée dans un mamelon charnu, qu'elle perce en s'allongeant;

2° La *tigelle* ou *plumule,* qui fait suite à la radicule, est la partie de l'embryon dirigée vers le centre de la graine et qui, en s'élevant dans l'atmosphère, deviendra la tige de la nouvelle plante; comme la radicule, elle est quelquefois obligée, pour s'allonger, de percer une enveloppe particulière;

3° La *gemmule,* qui est placée au sommet de la

_____

(1) A la fin de ce chapitre, nous en citerons plusieurs exemples frappants qui, à eux seuls nous montrent l'intervention divine et la Providence qui veille à tout d'une manière tellement frappante, qu'elle nous fait tomber à genoux pour louer et bénir le grand Dieu qui a tout créé!

tigelle et qui consiste en un bourgeon terminal composé de feuilles rudimentaires;

4° Les *cotylédons* ou le *corps cotylédonaire* ou les *lobes,* composé d'un ou de plusieurs petits appendices latéraux, qui formeront les premières feuilles. Ils naissent ordinairement de la partie de l'embryon où la radicule et la plumule se joignent. Ils sont minces et foliacés dans les graines qui ont un périsperme, mais ils sont épars et charnus dans celles qui n'en ont point.

Exemple : si l'on dépouille de leurs téguments l'amande, le pois, la fève, etc., il reste l'*embryon,* c'est-à-dire la plante à son état naissant. Dans les semences citées, l'embryon se partage de lui-même en deux moitiés égales, et alors on voit à l'extrémité effilée de l'amande un mamelon conique tourné en dehors et un bouquet serré de très petites feuilles naissantes, une espèce de bourgeon tourné en dedans. C'est ce mamelon qui doit devenir la racine et qui prend le nom de *radicule.* Quant au bourgeon, c'est la gemmule, qui doit se développer en feuilles. Entre les deux est la tigelle qui doit s'allonger en tige. Quant aux deux organes charnus qui forment à eux seuls la graine presque entière, ce sont les deux premières feuilles de la plante, mais des feuilles d'une structure spéciale, vrais réservoirs alimentaires de la plante naissante.

Le caractère le plus important, dans le règne végétal, appartient à l'embryon : c'est sur sa structure ou composition que sont fondées les grandes divisions du règne végétal.

Plantes acotylédones ou sans cotylédons;

Plantes monocotylédones ou à un seul cotylédon;

Et plantes dicotylédones ou munies de deux cotylédons.

La classe des dicotylédones forme à elle seule la plus grande partie du règne végétal.

Cette division des plantes en raison des cotylédons n'est pas seulement fondée sur les caractères tirés des cotylédons ou de tout autre organe isolé, mais bien sur l'ensemble de l'organisation.

C'est par le collet que l'embryon des plantes commence à s'organiser. Dans la substance encore diaphane de l'ovule, il ne paraît que comme quelques linéaments, ou quelques points opaques, qu'on voit s'étendre de proche en proche, tantôt du centre à la circonférence, tantôt de la circonférence au centre, d'une manière assez analogue à l'ossification du fœtus animal. A mesure qu'il se forme, il se détache des parties environnantes auxquelles il était uni, et finit par s'en séparer.

Avant leur maturité, les graines sont douceâtres et mucilagineuses, mais le mucilage devient moins abondant à mesure que les sucs se concrètent, et leur principe sucré est remplacé par la fécule. Pendant le travail de la germination, la fécule perd son carbone et se convertit en sucre pour alimenter la plante naissante.

O mystère de Dieu!

Au moment de la germination, les deux grosses

feuilles dont nous venons de parler, sont gorgées de
fécule et fournissent les premiers matériaux nutritifs
à la plante encore trop peu développée pour se suffire
à elle-même. On pourrait les appeler *feuilles nourri-
cières;* mais la botanique leur donne le nom de Cotylédons.

On constate que le haricot, la fève, le pois, le
gland, enfin toutes les graines des végétaux dont les
fibres de la tige sont arrangées en couronnes concentriques, ont deux cotylédons. Mais le lis, la tulipe, la
jacinthe, l'iris, le froment et tous les végétaux qui ont
les fibres de leur tige sans ordre, n'ont jamais à leur
graine qu'un seul cotylédon.

Considérons, par exemple, la graine du blé. Sur le
haut du germe, on distingue une étroite fente par où
se fait jour la gemmule. Ce qui est au-dessus de cette
fente constitue l'unique cotylédon; ce qui est au-
dessous représente la radicule. Ces diverses parties ne
sont bien visibles qu'après un commencement de germination.

Périsperme du blé. — L'embryon du blé ne forme
qu'une petite fraction de la graine. Il y a, en outre,
sous les téguments de la semence, une abondante
masse farineuse qui n'existe pas dans les graines du
pois, du haricot, de l'amandier. On lui donne le nom
de *périsperme*. C'est une réserve alimentaire qui, au
moment de la germination, devient fluide et de ses
sucs imbibe et nourrit la jeune plante. On trouve un
amas alimentaire pareil dans diverses graines, par
exemple dans celles du Lierre et du Mouron. Ce sont,

en général, les graines à gros cotylédons qui manquent de périsperme ; exemple : le gland, la fève, l'amande ; et ce sont les graines à minces cotylédons qui en sont pourvues. Enfin dans les végétaux dont le germe n'a qu'un seul cotylédon, presque toujours de petit volume, le périsperme est beaucoup plus fréquent que dans les végétaux à deux cotylédons.

GERMINATION. — La première condition pour qu'une graine puisse germer, c'est de tomber sur la terre dans des conditions nécessaires à sa germination. La germination est donc l'éclosion de l'*œuf végétal,* autrement dit de la Graine. C'est ici qu'apparaît dans toute sa splendeur la sagesse de la Providence. Sous le stimulant de la chaleur, de l'humidité et de l'oxygène de l'air, l'embryon se réveille, se dégage de ses enveloppes, se fortifie avec son approvisionnement alimentaire, développe ses premiers organes et enfin apparaît à la lumière du jour. Sans le concours de toutes ces causes d'activité, les graines resteraient dans leur état de torpeur et perdraient enfin leur aptitude à germer.

Le premier effet de la germination est le gonflement de la Graine. La partie supérieure du végétal qui se développe, la Tigelle, déchire ses téguments et se dirige vers l'air et la lumière ; mais, en même temps, la partie inférieure de la plante, ou la Radicule, s'enfonce dans la terre et donne naissance à la racine. Peu à peu la petite tige s'élève, étale ses folioles qui verdissent et puisent leur nourriture dans l'atmosphère. Alors il n'y a plus de graine : le mystérieux phénomène de la germination en a fait une plante.

L'eau joue ici un rôle multiple. Elle imbibe d'abord l'Embryon et le Périsperme, qui, en se gonflant plus que ne fait l'enveloppe, déterminent la rupture de celle-ci quelque dure qu'elle soit. D'un autre côté, l'eau est indispensable à la dissolution des principes nutritifs et à leur circulation dans les tissus de la jeune plante Il faut à l'eau de la chaleur, et une température de 12° à 20° est nécessaire pour que la germination s'accomplisse le mieux, sous l'action indispensable de l'oxygène et de l'air.

Une expérience facile à faire, va le prouver.

Mettez sous une cloche une graine quelconque à la température et à l'humidité dont nous venons de parler ; mais au lieu d'oxygène, mettez un autre gaz, de l'acide carbonique, de l'azote ou de l'hydrogène, si vous voulez ; prolongez l'expérience aussi longtemps que vous le voudrez, jamais la germination ne s'effectuera. Mais introduisez de l'oxygène, ou même simplement de l'air, qui en contient naturellement vingt et un pour cent, les graines se mettront immédiatement à germer. C'est ce qui nous explique pourquoi il ne faut pas enfouir les graines trop profondément, et pourquoi il faut un sol bien labouré, bien meuble et bien perméable à l'air, pour que les graines se développent facilement ; c'est ce qui nous explique encore pourquoi il faut couvrir de très peu de terre les semences délicates, ou même les déposer simplement à la surface du sol quand il est humide.

Nous avons fait à ce sujet une curieuse expérience qui prouve que l'humidité et l'air surtout sont les plus nécessaires au développement de la jeune plante. Après avoir pilé de la brique préalablement bien desséchée au four, et y avoir semé du blé, du seigle, etc., nous l'avons recouvert d'une cloche percée d'un trou par lequel on pouvait introduire une carafe renversée et pleine d'eau de manière à faire tomber l'eau, à volonté et goutte à goutte. Dans ce sol aride, les plantes ne germèrent qu'après que nous y eûmes laissé tomber l'eau de manière à rendre l'air humide. En y faisant passer une plus grande quantité d'oxygène, nous obtînmes des sujets magnifiques et plantureux.

Pour germer, les Graines mettent un temps qui varie suivant les espèces et suivant les climats.

Le Blé, le Millet et le Seigle, germent ou sortent de terre au bout d'un jour ; le Cresson alénois germe, en moyenne, au bout de deux jours. Le Navet, l'Épinard, les Haricots mettent trois jours à lever ; la laitue, quatre, le Melon et la Citrouille, cinq ; la plupart des Graminées, environ une semaine ; l'Oignon, le vingtième jour seulement ; la Carotte plus de quarante, etc. Il faut deux ans et parfois davantage au Rosier, à l'Aubépine et aux arbres fruitiers à noyau.

Feuilles séminales. — On nomme *feuilles séminales* les deux feuilles qui apparaissent avant les autres dans les graines à *deux cotylédons* et viennent des cotylédons eux-mêmes, comme dans le Haricot. Placées en face l'une de l'autre, elles diffèrent très souvent de forme avec celles qui suivent. Ainsi, dans le Radis, elles sont en forme de cœur, et en forme de languette, dans la Carotte. Au contraire, les graines qui n'ont qu'un seul cotylédon n'ont également qu'une seule feuille provenant de cet unique cotylédon. Leur forme est généralement étroite et allongée, comme dans le Maïs. Vous pouvez vous en assurer avec un grain de blé, que vous pouvez faire germer sous vos yeux dans une assiette ou dans une soucoupe.

Conservation des graines. — S'il est beaucoup de graines, telles que celles de l'Angélique, de la Fraxinelle, du Caféier, qui se détériorent en si peu de temps, et que, pour cette raison, on doit semer sans retard après la récolte, il en est un bien plus grand nombre qui conservent pendant des années, et même pendant des siècles, leur propriété germinative. On a vu, dernièrement, germer des haricots tirés de l'herbier de Tournefort. Home a semé avec un plein succès des grains d'orge recueillis depuis 140 ans. On a découvert, dans des matamores (1) oubliés depuis un temps immémorial, des blés aussi sains qu'au moment où ils avaient été détachés de l'épi.

DISSÉMINATION DES GRAINES. — PROVIDENCE DE DIEU.

Pour que les graines ne s'accumulent pas en trop grande quantité sous un seul point, l'Intelligence suprême a pourvu à sa dispersion. Ainsi dans la Balsamine les graines sont projetées de tous côtés et au loin par une sorte de ressort qui se détend. Dans le Pis-

(1) Vaste silo creusé à une grande profondeur dans le sol.

senlit, le Chardon, l'Orme, etc., les graines ont une petite aigrette légère que le vent porte très loin. Les
animaux, les oiseaux viennent aussi en aide à la nature
les uns par leur toison, dans les poils desquels se logent les graines; les autres en mangeant leur enveloppe charnue, sans altérer les noyaux ou les noix. Nous
allons en parler plus longuement.

*Prévoyance de la Providence dans la dissémination
des graines.* — Si la germination nous offre de telles
merveilles, notre étonnement redouble encore quand
nous examinons la prévoyance avec laquelle la *Providence* a pourvu à la propagation de toutes les espèces
de plantes.

La dissémination des graines, qui favorise le développement des individus en empêchant qu'il ne se
rassemblent en trop grand nombre sur un terrain trop
resserré, s'opère par différents moyens. Certains fruits
s'ouvrent d'eux-mêmes à l'époque de leur maturité et
lancent au loin leurs graines nombreuses. Souvent les
semences ou les graines, ornées d'aigrettes ou pourvues
d'ailes ou de membranes légères, s'élèvent au gré des
vents et sont transportées à des distances considérables. — Il y en a d'autres qui sont armées de pointes
hérissées de crochets, pour s'attacher aux corps environnants. Plusieurs sont enduits d'une substance huileuse qui les défend contre les injures de l'air. Les eaux
des fleuves et de la mer charrient souvent des graines
en grande quantité et à des distances infinies.

Citons quelques exemples vraiment bien remarquables.

Dans la Balsamine, la Dionée, la Fraxinelle, etc., les valves du péricarpe se disjoignent subitement par force de ressort et projettent les graines à quelque distance de la plante mère. Le pépin de la Momordique piquante se contracte au moment où il se détache du pédoncule, et, par une ouverture pratiquée à sa base, il lance ses graines et son suc corrosif. — La graine de l'Oxalis est contenues dans une arille (1) extensible, qui se dilate d'abord à proportion que le fruit se développe; puis il arrive un moment où cette poche, ne pouvant plus s'étendre, se déchire et chasse la graine par un mouvement élastique. Les plantes d'un ordre inférieur, telles que les Champignons, ont aussi des moyens de disséminer leurs poussières génératrices. Ainsi quelques Pezizes secouent leur chapeau quand les séminules dont il est couvert sont arrivées à maturité. — Les Lycoperdons se percent à leur sommet comme un cratère, et leurs séminules sont si nombreuses et si fines, qu'au moment où elles s'échappent elles ressemblent à une épaisse fumée. — Les ovaires des Fougères s'ouvrent par secousses, effet naturel de la contraction de leur tissu quand il vient à se dessécher. Une cause analogue fait mouvoir les cils qui bordent l'orifice de l'urne des Mousses.

Il est des causes plus générales et plus puissantes que nous allons examiner.

Beaucoup de semences sont fines et légères, comme les grains du pollen. Les vents les emportent et les

_____

(1) Tégument de la graine.

déposent sur les plaines, les montagnes, les édifices, les rochers et presque dans le fond des cavernes. Aucun réduit ne paraît assez clos pour interdire l'entrée aux séminules impalpables des moisissures, qui sont une véritable végétation.

Il y a des graines et même des fruits plus pesants qui ont des sortes d'ailes pour les soutenir dans les airs et leur permettre de franchir des distances très considérables. Une aile circulaire borne la graine de l'orme ; celle du frêne se termine par une aile allongée ; et celle de l'érable a deux grandes ailes latérales. La cupule (1) du pin et du sapin, du cèdre, du mélèze, se prolonge à sa partie inférieure en une aile extrêmement mince. Voyez le tilleul ; son pédoncule est accolé à une sorte de bractée (2) qui fait fonction d'aile et qui vous frappe toutes les fois que vous cueillez sa fleur, si utile à la maison.

Les aigrettes des Synanthérées ressemblent à de petits volants. Les filets déliés qui les composent, s'écartant par l'effet de la dessiccation, leur servent de leviers pour sortir de l'involucre qui les environne, et de parachute pour se soutenir dans l'atmosphère.

Les graines de l'Apocin, de l'Asclépias, le calice de beaucoup de Valérianes et de Scabieuses, forment d'élégantes aigrettes, semblables à celles des synanthérées.

Des graines de toute espèce sont emportées, par les trombes de vent, bien loin du sol natal. Quelquefois

(1) Godet folié ou écailleux, formant la base du fruit.
(2) Petite feuille.

ces tourbillons impétueux couvrent tout à coup les campagnes maritimes du midi de l'Espagne de graines des côtes septentrionales de l'Afrique.

Certains fruits sont tellement construits et fermés si hermétiquement, qu'ils peuvent voguer sur les eaux sans être engloutis. Alors, ils sont transportés à des distances considérables, entraînés par les mers, les torrents et les fleuves. Les drupes (1) du Cocotier, les noix d'Acajou, les gousses du *Mimosa scandens,* qui atteignent deux mètres de longueur, et beaucoup d'autres fruits des pays chauds, sont jetés quelquefois jusqu'au nord sur les grèves de la Norwège, mais sans pouvoir toutefois s'y développer, comme dans les contrées brûlantes de l'équateur qui leur a donné naissance.

Les doubles cocos des Séchelles, sur les côtes du Malabar, sont portés par des courants réguliers à plus de quatre cents mètres de leur point de départ, et c'est ainsi que certains pays ont été découverts par les habitants situés au vent des contrées d'où ils venaient. Tout le monde sait que c'est à ces indices que Christophe Colomb, parti des côtes d'Espagne et naviguant toujours à l'ouest, soupçonna qu'il approchait d'une terre ferme, c'est-à-dire du continent qu'il cherchait et qui n'était autre que l'Amérique.

Il n'y a pas jusqu'aux animaux qui ne travaillent efficacement à la dissémination des plantes.

L'Écureuil et le Bec-croisé sont très friands de la

(1) Fruit charnu à un seul noyau.

graine des pins ; ils désunissent les écailles des cônes,
en les frappant à coups redoublés contre les rochers,
et, par ce moyen, ils en dispersent les semences. Les
corbeaux, les rats, les marmottes, les loirs, font des
magasins sous la terre, et portent dans ces lieux écartés, des graines et même des fruits pour s'en nourrir
dans l'arrière-saison et les graines qui souvent sont
oubliées ou perdues, germent au retour de la belle
saison. Les oiseaux avalent des baies dont ils ne digè-
rent que la pulpe et rendent intactes les graines qui
ne tardent pas à germer. Tout le monde connaît le
Gui qui croît en parasite sur les arbres ; eh bien ! sa
graine, qui n'a cependant ni ailes, ni aigrettes, ne se
développe que par ce moyen.

En voici encore un exemple frappant.

Les Hollandais, voulant s'assurer le commerce exclusif de la muscade, détruisirent les Muscadiers dans
toutes les îles qu'ils ne pouvaient surveiller assez,
mais la nature, qui n'avait pas voulu permettre cette
atteinte à ses droits, se servit des oiseaux pour repeu-
pler ces îles de muscadiers.

Qu'on nous permette de faire ici l'histoire du muscadier. Le Muscadier est un arbre très touffu et ressemblant à un oranger. Il a environ dix mètres de haut.
Ses feuilles n'ont ni la même forme ni la même longueur. Ses fleurs sont dioïques (1), et disposées en
faisceaux solitaires aux aisselles des feuilles, le long
de petits rameaux.

(1) Se dit des plantes qui ont les fleurs mâles et les fleurs femelles
sur des pieds séparés, comme le chanvre.

Le fruit est une baie ou une drupe presque sphé-
rique, ayant environ sept centimètres d'épaisseur. Le
brou, ou son enveloppe extérieure, laisse apercevoir,
en s'ouvrant, la noix revêtue de son macis ou écorce
intérieure, d'un rouge écarlate fort vif et qui la com-
prime et la sillonne par ses lanières. Une coque et une
semence ou amande composent la noix. C'est cette
amande qui porte le nom de muscade dans le commerce. Elle est grosse, arrondie, et, vers le bout inférieur, elle est revêtue d'une peau roussâtre et pi-
quetée de points rouges vers le sommet.

La muscade et le macis sont des aromates dont la
cuisine fait un grand usage, mais ils entrent aussi
dans les préparations pharmaceutiques, et la médecine
s'en sert comme stimulants.

Le muscadier aromatique a été découvert aux Moluques et particulièrement dans les îles de Banda.
Chose étonnante! il est toujours en fleurs et en fruits
de tout âge : il ne perd ses feuillles que d'une manière
insensible. La noix qu'on a semée nourrit la jeune
plante quelquefois pendant toute une année. M. Poivre
a transporté cet arbre si précieux à l'Ile-de-France
en 1770 et 1772. Depuis longtemps on le cultive à
Cayenne et dans les Antilles.

Continuons maintenant l'étude sur la dissémination
des végétaux. Certaines plantes, comme l'Oseille, l'Ortie, la Pariétaire s'attachent, pour ainsi dire aux pas de
l'homme, pour lui tenir société. On les trouve sur les
murailles, le long des murs, dans les villages et jusque
dans les villes et sur les plus hautes montagnes.

« Lorsque dans ma jeunesse, dit Mirbel, je par-
courus les monts Pyrénées avec M. Ramond, plus d'une
fois ce savant naturaliste, me fit remarquer ces végétaux émigrés de la plaine, croissant sur les ruines des
cabanes abandonnées, et se maintenant là, malgré la
rigueur des hivers, comme des monuments en témoignage du séjour des hommes et des troupeaux. »

Aucun obstacle ne peut arrêter la migration des
graines; seule, l'influence du cilmat peut mettre des
bornes à leur dispersion. Mais l'industrie et la persé-
vérance des peuples peuvent faire croître, entre les
mêmes parallèles ou latitudes, les mêmes végétaux qui
poussent dans un autre lieu. Ce qu'on ne peut obtenir,
c'est de faire croître aux pôles les végétaux des tropiques et sous les tropiques les végétaux des pôles. Ici,
l'homme s'avoue vaincu. Ce que nous pouvons faire,
c'est de favoriser leur migration, et c'est ce que nous
avons fait pour plusieurs espèces. C'est ainsi que nous
avons acclimaté en Europe l'*Eucalyptus,* les *Mimosa,* les
Metrosideros, etc., qui nous viennent des terres austra-
les; de même que les jardins de Botany-Bay sont
remplis de nos légumes et même de nos arbres fruitiers.

Disons, en terminant cet article, que le cercle de
la végétation est clos par la dissémination. A l'automne, lorsque la nature a donné toutes ses richesses
et que l'homme dans sa prévoyance a mis en sûreté
tout ce qui peut lui être utile dans l'arrière-saison, que
les arbrisseaux et les arbres ont perdu leur feuillage;
les herbes desséchées se décomposent et rendent à la

terre les éléments qu'elles ont puisé dans son sein.
Tout semble mort sur la terre ; elle a perdu sa brillante parure, et, dans sa triste nudité, elle semble
nous dire que tout est fini ! mais attendons, sous cet
aspect morne et silencieux, une vie cachée et mystérieuse existe et va bientôt se montrer. D'innombrables germes n'attendent qu'un ciel favorable pour la
décorer d'une nouvelle verdure et de nouvelles fleurs.
Mais si le plus grand nombre des graines ne périssait
pas, les végétaux auraient dans une seule année couvert une surface mille fois plus étendue que notre
pauvre petit globe. Celles qui survivent à la destruction, recouvertes de terre ou de débris végétaux, ou
cachées dans les fissures des rochers, enfin protégées
par un abri quelconque, restent engourdies pendant
la saison froide et ne germent que sous l'action bienfaisante du printemps. C'est alors que l'homme, vraiment digne de ce nom, admire la sagesse et la munificence de ce grand Dieu qui a tout créé pour ses
besoins et son bonheur.

Preuves bien saisissantes de l'existence de Dieu. —
Qu'on nous permette ici une petite digression :
Dans une séance publique de l'Académie des sciences,
il a été question de faits curieux, de phénomènes
intéressants dont nous ne voulons citer qu'un seul qui
permettra de juger des autres.

On sait que la plupart des insectes ont une arme
pour se défendre et même pour attaquer. Les *Cousins*
l'ont à la bouche, les *Abeilles* à l'autre extrémité du
corps. Chez ces dernières, l'aiguillon, composé de deux

appendices en forme d'aiguilles fines et pointues, est ordinairement retiré dans le ventre. C'est seulement lorsqu'il veut le darder que l'insecte le fait saillir. Un aussi fragile appareil a besoin de protection; aussi les aiguilles sont-elles enfermées dans une sorte de fourreau. Au moment où l'aiguillon perce la peau, le venin fabriqué par des glandes spéciales et rassemblé dans un réservoir, coule dans la rainure de l'aiguillon et de là dans la piqûre.

On croyait jusqu'à présent qu'une seule glande fabriquait le venin et que ce venin était unique. M. Carlet, professeur à la faculté des sciences de Grenoble, un des lauréats de l'Académie des sciences, a démontré que les choses ne sont pas si simples. On savait déjà que les araignées filent plusieurs sortes de fils, voici que les abeilles ont deux appareils venimeux, l'un produit un liquide acide, l'autre un liquide alcalin. L'acide, c'est l'acide formique; il se rend dans un réservoir; mais il n'y a pas de réservoir pour le liquide alcalin.

M. Carlet a étudié l'action de ces liquides sur les mouches. Il a procédé à l'égard des insectes comme ses collègues envers les chiens, les lapins, les pigeons, etc. Cette sorte de vivisection n'exaspère personne, car les insectes ne crient pas : ils souffrent silencieusement, et puis, ils sont si petits! Le venin a donc été inoculé à différentes mouches. Aux unes, on a inoculé le venin acide, et celles-là sont mortes lentement; à d'autres, le venin alcalin, qui a agi de même; mais lorsqu'on a inoculé le mélange des deux liquides, l'effet a été d'une promptitude effrayante : les mouches ont été foudroyées.

M. Carlet ne s'est pas borné là. Il a voulu savoir comment procèdent certains insectes de l'*Ordre* dont les abeilles font partie, et dont l'aiguillon est lisse au lieu d'être barbelé; ceux-là ne tuent pas leurs victimes, ils les plongent en léthargie. Un mot d'abord est nécessaire sur ces intéressants animaux qu'on appelle *Cerceris.*

A l'affût de certains insectes, toujours les mêmes, la *Cerceris* les saisit au moment où ils sortent de leur coque, et, après les avoir transpercés et paralysés, elle les porte dans sa retraite, à côté de ses œufs, à la portée des petits qui sortiront de ces œufs. Or, voici l'étrange et l'incompréhensible (lisez bien, ô incrédules qui ne croyez pas à la Providence); la cerceris *ne se nourrit que du nectar des fleurs,* et son petit, c'est-à-dire la larve qui doit sortir de l'œuf ne se nourrit que de viande (de la viande d'insectes s'entend). Encore, si elle le savait? mais les cerceris ne voient jamais leurs enfants; elles meurent avant qu'ils soient nés. Dès que près de chaque œuf se trouve la quantité de nourriture suffisante pour la larve, depuis sa naissance jusqu'à sa transformation en nymphe, la mère cerceris meurt. Qui donc a appris à cette mère phytophage (on dirait aujourd'hui *végétarienne*) que son enfant serait un carnassier? — Répondez, libre-penseur!

J'ai dit que la cerceris ne tuait pas ses victimes, qu'elle les mettait seulement dans l'impossibilité de se sauver ou de se mouvoir, tout en les laissant vivantes : et, en effet, si elle les tuait, la petite larve ne trouverait en naissant que des cadavres pourris ou desséchés dont elle ne voudrait pas. Il lui faut de la chair fraîche ; elle ne mange même pas des viandes conservées.

Or, M. Carlet nous apprend que les cerceris ne possèdent qu'une glande venimeuse, celle qui secrète le liquide acide. L'insecte possède un ingénieux mécanisme qui fonctionne comme une pompe aspirante et foulante ; il aspire le venin puis le refoule dans la plaie. La victime est ainsi paralysée du mouvement; elle vivra en attendant d'être dévorée.

Mais pourquoi ne trouve-t-on, parmi les victimes, qu'une catégorie d'insectes?

Toujours des buprestes! Cette fois, c'est M. Fabre, un savant entomologiste qui nous répond. La cerceris doit atteindre la victime dans les ganglions nerveux qui commandent les mouvements. Si ces ganglions sont trop distants les uns des autres, une piqûre ne sera pas suffisante, et la lutte pourra se prolonger. Or, les insectes que choisit la cerceris sont précisément ceux chez lesquels les centres nerveux moteurs sont assez rapprochés pour qu'un ou deux coups d'aiguillons, une ou deux gouttes de venin suffisent pour déterminer la paralysie du mouvement.

Ainsi, tout est étrange dans cette histoire. Une mère et un enfant qui s'ignorent mutuellement, qui ne se verront jamais; une mère qui est prévoyante sans le savoir, qui ne sait pas l'anatomie et qui frappe au point juste; qui ne sait pas la physiologie ni la chi-

mie, et possède le venin nécessaire pour paralyser
sans tuer, qui dépose auprès de chaque œuf la nourriture suffisante à un être dont elle ignore les appétits
et la nature.

SI UNE PAREILLE INTELLIGENCE OU DIVINATION AP-
PARTENAIT A L'ANIMAL, L'ANIMAL SERAIT DIEU!!!

Autres faits non moins saisissants :

Voici des papillons qui vivent dans le royaume de
l'air. Arrivés à la troisième phase de leur merveilleuse
existence, ils s'ouvrent aux baisers de la lumière.
Bientôt ils déposeront en cercles concentriques de
petits œufs blancs sur des brins d'herbe ou sur des
feuilles. Ces œufs n'écloront qu'à la saison prochaine,
et donneront naissance à de petites chenilles, alors
que, depuis bien des matins, les papillons seront en-
dormis dans la poussière de la mort. Quelle voix
apprit à ces papillons que les chenilles futures devront
trouver en sortant de leur œuf telle et telle nourriture ?
Qui leur montre les herbes ou les feuilles sur lesquelles
ils doivent déposer leurs œufs ? — Leurs parents ? ils
ne les ont point connus. Leur souvenir d'être nés sur
ces feuilles ? Mais quel souvenir ? Ils ont vécu trois
existences depuis cette époque lointaine, et ont subs-
titué aux aliments inférieurs les mets plus délicats
des corolles parfumées.

Mais voici d'autres espèces qui protestent plus vivement contre les explications humaines.

Les Nécrophores (nom lugubre!) ou Croquemorts,

meurent aussitôt après la ponte, et les générations ne
se connaissent jamais. Nul être dans cette espèce n'a
vu sa mère et ne verra ses fils. Cependant les mères
ont grand soin de placer des cadavres à côté de leurs
œufs, comme nous l'avons vu plus haut en parlant
des cerceris, afin que les petits trouvent leur nourriture immédiatement après leur naissance. Sur quel
livre les nécrophores ont-elles appris que leurs œufs
renfermaient le germe d'insectes semblables à elles-
mêmes?

Il est d'autres espèces où le régime alimentaire est
radicalement opposé entre les larves et les ressuscités.

Chez les Pompilles, les mères sont herbivores, tandis que les enfants sont carnivores. En pondant leurs
œufs sur des cadavres, elles sont donc en contradic-
tion directe avec leurs habitudes. Et l'on ne peut admettre ici ni le hasard, ni une habitude lentement acquise. Une espèce qui ne se serait pas comportée
exactement d'après cette loi, n'aurait pu subsister,
puisque les rejetons seraient morts de faim en venant
au monde.

Nous pouvons ajouter à ces insectes les Odynères
et les Sphex. Les larves de ces derniers sont carnas-
sières, et leur nid doit être approvisionné de viande
fraîche. Pour remplir ces conditions, la femelle qui
va devenir mère se met en quête d'une proie convenable, mais ne tue pas sa victime; comme la cerceris,
elle se borne à la frapper d'une paralysie incurable,
puis entasse au-dessus de chacun de ses œufs un certain nombre de ces malades, devenus incapables de

se défendre contre les attaques de la larve qui doit s'en repaître, mais assez vivants pour que leur corps ne se corrompe pas ; et, en certaines familles, elle a encore soin d'ajouter une nourriture destinée à nourrir sa proie jusqu'à l'éclosion de la larve.

Les éléments de notre plaidoyer sont si nombreux, qu'il est impossible de les rassembler tous. Nous ne pouvons que citer quelques exemples d'instinct, et inviter nos lecteurs à traverser la lettre pour aller à l'esprit.

Parmi ces exemples, parlons encore de l'abeille perce-bois ou *Xylocope,* dont M. Milne Edwards entretenait en 1864, le 9 décembre, les auditeurs des soirées scientifiques de la Sorbonne. Cette abeille, que l'on voit voltiger au printemps, qui vit solitaire et meurt presque aussitôt après la ponte de ses œufs, n'a jamais vu ses parents, et ne vivra pas assez longtemps pour voir naître ses petites larves vermiformes, dépourvues de pattes, incapables non seulement de se protéger, mais même de chercher leur nourriture. Cependant elles doivent pouvoir vivre en repos pendant près d'un an dans une habitation bien close, sans quoi l'espèce s'éteindrait.

Comment s'imaginer que la jeune mère, avant de pondre son premier œuf, ait pu deviner quels seront les besoins de la famille future et ce qu'elle doit faire pour en assurer le bien être ? Eût-elle l'intelligence humaine en partage, elle ne pourrait rien savoir de tout cela, car tout raisonnement suppose des prémisses. Cet insecte n'a pu rien apprendre ; cependant il prépare

tout, agit sans hésitation, comme si l'avenir était
ouvert à ses regards, comme si une raison prévoyante
lui servait de guide. A peine ses ailes sont-elles dé-
ployées, et déjà l'abeille Xylocope se met à l'œuvre
pour construire la demeure de ses enfants. Avec ses
mandibules, elle taraude une pièce de bois exposée
au soleil, elle y creuse une longue galerie, puis elle
va au loin chercher sur les fleurs du pollen et des liquides sucrés, qu'elle dépose au fond de sa galerie.
C'est l'aliment de son premier-né, il lui suffira exactement pour bien vivre jusqu'au printemps prochain.

Aussitôt le magasin préparé, elle y place un œuf,
et, ramassant à terre la sciure de bois prudemment
mise de côté, elle en forme une espèce de mortier
pour murer le berceau, de telle sorte que le plafond
de cette première cellule devient le plancher d'un second magasin de vivres, berceau de la larve qui naîtra d'un autre œuf. Elle édifie ainsi une habitation à
plusieurs étages, dont chaque chambre loge un œuf
et servira plus tard à la larve que produira cet œuf.

On doit s'étonner, remarque M. Milne Edwards,
qu'en présence de faits si significatifs et si nombreux,
il puisse se trouver des hommes qui viennent vous
dire que toutes les merveilles de la nature ne sont que
des effets du hasard, ou bien encore des conséquences
des propriétés générales de la matière, de cette nature
qui forme la substance du bois ou la substance d'une
pierre; que les instincts de l'abeille, de même que la
conception la plus élevée du génie de l'homme, ne
sont que le résultat du jeu de ces formes physiques ou

chimiques qui déterminent la congélation de l'eau,
la combustion du charbon ou la chute des corps ; ces
vaines hypothèses, ou plutôt ces aberrations de l'esprit que l'on déguise parfois sous le nom de *science
positive,* sont repoussées par la vraie science. Le naturaliste ne saurait y croire. Pour peu que l'on pénètre
dans l'un de ces réduits obscurs où se cache le faible
nid, on entend distinctement la voix de la Providence
dictant à ses enfants les règles de leur conduite journalière. » Dans toute la république de la vie, ajoute-
rons-nous, la main du Créateur intelligent et prévoyant
apparaît aux yeux qui voient justement. Lorsqu'on ne
comprend pas un fait intellectuel observé chez un
animal, il est facile de se tirer d'embarras en jetant
sur ce fait le mot *d'instinct* comme un voile sur un
objet qu'on ne veut pas examiner ; mais à part ce procédé illusoire, il reste certainement des faits qui ne sont
le résultat ni de la réflexion ni du jugement. En vain
Darwin affirme-t-il avec Lamarck que l'instinct est
une *habitude héréditaire,* cette explication ne transporte
pas l'instinct dans le domaine de l'intelligence, et
encore moins dans le domaine du matérialisme pur.
Aussi bien, il n'est pas démontré que l'instinct soit
une habitude héréditaire. Les exemples que nous
avons donnés ci-dessus en sont la preuve la plus élo-
quente.

CHAPITRE V.

FÉCONDATION DES PLANTES.

Fécondation et fécondité des plantes. — Preuves éclatantes de la Sagesse divine. — Curieuse expérience sur le Melon. — Moment de la fécondation.

C'est surtout ici qu'éclatent la grandeur et la sagesse de Dieu ; et quand on voit comment certaines plantes sont fécondées, on reste saisi d'étonnement.

Nous avons parlé ci-dessus des pistils et des étamines qui sont les instruments dont Dieu se sert pour féconder les fleurs ; mais il en est qui ont des fleurs à étamines sans pistils et d'autres qui ont des pistils sans étamines. Il en est d'autres aussi dont certains pieds ont des fleurs à étamines, et sur d'autres pieds les fleurs à pistils. Le saule et le chanvre en sont des exemples frappants, surtout le Chanvre pour lequel les paysans prennent le mâle pour la femelle et la femelle pour le mâle. On appelle fleurs mâles, les fleurs à étamines, pieds mâles ceux qui ne portent que des fleurs à étamines ; les fleurs femelles, les fleurs à pistils et pieds femelles ceux qui ne portent que ce genre de fleurs.

L'expérience a constaté depuis un siècle environ,
que les fleurs à pistils, les seules qui donnent des graines susceptibles de germer, ne germent cependant
qu'à la condition que le stigmate de leur pistil aura
reçu le pollen des étamines, soit de la même fleur soit
de la fleur d'une autre plante de la même espèce.

Voici une curieuse expérience qui a été faite sur le
melon. Si dans une couche de melons on enlève toutes
les fleurs mâles, avant qu'elles soient ouvertes, pas
une des fleurs femelles ne donnera de melon; mais
si l'on apporte sur une de ces fleurs femelles, du pollen pris avec un petit pinceau à l'anthère d'une fleur
mâle, la fleur femelle sera fécondée et donnera un
fruit (fig. 43).

Moment de la fécondation. — Quand, sur la même
fleur les étamines et le pistil sont mûrs ou arrivés au
développement voulu, les étamines, *chose curieuse et
vraiment admirable!* les étamines, dis-je, se rapprochent du pistil et se penchent vers lui de telle sorte
que l'anthère puisse verser le pollen sur le stigmate. Quelquefois, chose non moins curieuse! la fleur
tout entière s'incline ou se renverse, selon la disposition des organes. Quand les fleurs sont séparées sur le
même pied ou sur des pieds différents, ce sont les insectes et le vent qui transportent le pollen de l'une
à l'autre. Nous dirons plus loin comment l'Aristoloche
est fécondé. Qui n'a pas été témoin, au moins une fois
dans sa vie, de véritables pluie de pollen de sapin
et de peupliers, transporté par les vents à des distances très grandes.

On cite le fait suivant :

Il y a quelques années, le Jardin des Plantes de

Fig. 43. — Fruit du Melon.

Fig. 44. — *Cucumis Melo.*
Fleur femelle coupée verticalement.

Paris possédait un arbuste rare qui n'avait jamais produit, lorsque tout à coup on s'aperçut qu'il venait d'être fécondé. On télégraphia immédiatement dans toutes les directions pour savoir s'il n'existait pas quelque part le même arbre mâle dont le pollen aurait été porté jusqu'à Paris, par le vent. On apprit bientôt que son congénère existait à plus de cent lieues de Paris.

Cucumis Melo.
Fleur coupée verticalement.

La culture rend très souvent les fleurs stériles en

transformant les étamines en pétales. Ainsi, la Renoncule des champs, et la Rose des haies n'ont que cinq pétales, mais cultivées dans nos jardins, elles n'ont plus d'étamines, mais un nombre immense de pétales. Aussi, sont-elles stériles et ne peuvent se reproduire par graine.

Fécondité des Plantes. — Si l'on examine la cause de l'admirable stabilité dans les plantes, nous trouvons que la cause la plus puissante est sans doute leur extrême fécondité. Un seul pied de Maïs donne jusqu'à 2,000 graines; on en a compté 32,000 sur un pied de Pavot. Supposons que ces 32,000 graines soient toutes semées convenablement et réussissent, elles produiront la seconde année 1,024,000,000. En supposant toujours que ces graines soient toutes semées et rapportent chacune 32,000 autres graines, vous aurez au bout de quatre ans le chiffre énorme de 1,048, 576,000,000,000,000; d'où on peut conclure que, si aucune graine ne périssait, la postérité d'une seule graine de Pavot couvrirait, dès la quatrième année, plus que la surface entière du globe.

Un pied de tabac a donné 360,000 ; et, selon Dodart, un Orme en fournit par an 540,000.

Mais, il s'en faut bien que ces végétaux soient les plus féconds ; le nombre de graines que produit un pied de Begonia, de Vanille et surtout de Fougère, étonne l'imagination. Si une foule de causes ne venaient neutraliser cette fécondité prodigieuse, on verrait en peu d'années la surface de la terre couverte dé végétaux. Ainsi, on a calculé que si *chacune* des

graines que renferment les plantes venait à germer,
le produit d'un terrain de quelques kilomètres carrés

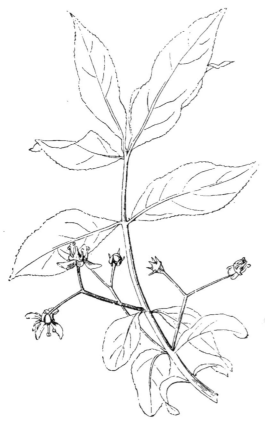

Fig. 45. — Fusain commun (*Evonymus*).

égalerait la végétation du globe entier. Mais l'homme
et les animaux consomment une grande partie de ces
graines pour leur nourriture, et empêchent ainsi l'excès de la reproduction.

CHAPITRE VI

MOUVEMENTS REMARQUABLES DANS QUELQUES VÉGÉTAUX.

La Sensitive. — La Dionée attrape-mouche. — Le Rossolis ou Rosée du soleil. — Le Sainfoin oscillant. — Merveilleuse fécondation de la Vallisnérie. — Le Nepenthès distillatoire, providence des voyageurs. — Le Dictame-Fraxinelle. — Le Tillandsia. — La Fleur de l'air.

Si le réveil et le sommeil sont des mouvements propres à certains végétaux, on a remarqué d'autres mouvements dans certaines plantes qui dépendent soit d'excitations mécaniques, soit d'excitations chimiques, ou même sans qu'aucune cause apparente les fasse naître.

LA SENSITIVE.

Parmi ces mouvements, un des plus extraordinaires et des plus remarquables se rencontre dans les feuilles de plusieurs *Mimosées*, par exemple dans le *Smithia sensitiva*, etc.

Dans toutes ces plantes, les folioles sont distribuées d'un et d'autre côté d'un pétiole, de sorte qu'on les nomme *feuilles ailées*. Il suffit d'un simple choc pour fermer la paire de pétioles qui a reçu l'im-

pression. Si le choc est plus fort, il détermine la
clôture de toutes les folioles du même rameau; plus
fort encore, il amène celle des rameaux voisins et même
l'abaissement de ces mêmes rameaux. A un degré encore plus intense, celui du pétiole commun. Enfin si
la commotion s'étend jusqu'à la tige, le même phénomène se présente dans une partie ou dans la totalité
des feuilles de la plante. Cette faculté contractile se
présente toujours dans les articulations, qu'il s'agisse
de la flexion du pétiole commun sur la tige, ou des
branches pétiolaires sur le pétiole commun, ou des
folioles sur leur support. Comme ces articulations présentent beaucoup de cellules ou vaisseaux en chape-
let, ou est autorisé à croire que cet organe en est le
principal moteur.

Chaque espèce n'a pas la même rapidité et la même
intensité de mouvements. Si nous examinons, par
exemple, la Sensitive (*Mimosa pudica*, Linné), une
des espèces les plus répandues dans nos jardins, nous
voyons qu'elle exécute ses mouvements au moindre
choc et avec une rapidité bien plus grande que dans
d'autres espèces qui ont besoin d'une plus forte secousse pour les exécuter même lentement (fig. 46).

Il y a même une différence dans chaque espèce, cela
dépend de la vigueur de la plante et de la chaleur.
Plus elle est vigoureuse, plus elle est sensible à la
commotion ; et plus la température est élevée, plus les
mouvements sont prompts. Ce qu'il y a d'étonnant,
c'est qu'on fatigue la plante en renouvelant plusieurs
fois de suite l'expérience ; et ces mouvements devien-

nent non seulement plus lents, mais même cessent tout à fait si on ne donne pas à la plante le temps de

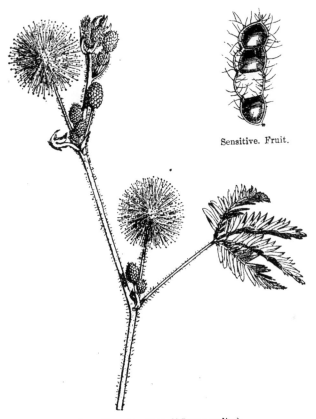

Sensitive. Fruit.

Fig. 46. — Sensitive (*Mimosa pudica*).

reprendre une nouvelle vigueur, par un repos plus ou moins long.

C'est à l'intensité du choc, et nullement à la nature du corps qui sert à l'imprimer, que ce résultat est dû uniquement. Le même effet est produit par la main, une baguette de bois ou de métal, de cire même, froide ou chaude ou même humide. Cette faculté commence dès le premier âge dans les plantes éminemment sensitives et ne cesse que par l'effet de quelque maladie ou lorsque le fruit est arrivé à maturité.

Un fait très remarquable, c'est que la Sensitive s'accoutume à des mouvements très brusques, tels, par exemple, que ceux d'une voiture qui roule rapidement sur le pavé. Les secousses font d'abord baisser et fermer les feuilles ; mais peu de temps après elles se relèvent et se rouvrent comme si la plante était immobile ; elles restent ouvertes malgré l'agitation qu'elles continuent d'éprouver ; tandis que toute autre commotion étrangère, même un léger souffle de vent, fait mouvoir et fermer son feuillage.

Il reste acquis à la science que c'est à la seule force vitale qu'il faut attribuer ces faits si étonnants.

Aussi le chantre des Plantes, Castel, a pu dire :

> Si d'un doigt indiscret vous osez la toucher,
> Tout s'agite ; la feuille est prompte à se cacher,
> Et la branche mobile, aux mêmes lois fidèle,
> S'incline vers la tige et se range auprès d'elle. (Chant 11.)

LA DIONÉE (1) ATTRAPE-MOUCHE.

(Dionœa muscipula.)

Cette curieuse plante est de la famille des Droséracées, et ne renferme qu'une seule espèce, la *Dionœa*

(1) De ὀιωνη, un des noms de Vénus.

muscipula, vulgairement nommée *attrape-mouche*. Ce dernier nom indique que cette plante jouit d'une propriété analogue à celle de l'*Apocynum androsœmifolium*, dont nous allons parler tout à l'heure. Les phénomènes d'irritabilité qui se manifestent dans cette curieuse plante, ont pour siège les feuilles. Ces feuilles toutes radicales, étalées sur la terre, offrent un large pétiole aplati comme celui de l'oranger; leurs deux lobes, bordés de longs cils, ont leur surface garnie d'une multitude de glandules rouges. Au moindre contact, ils se rapprochent. Si quelque insecte, attiré par la liqueur distillée par les glandes, vient s'y reposer, il se trouve aussitôt renfermé dans une étroite prison, et plus il fait d'efforts pour s'échapper, plus les lobes irrités se resserrent, s'appliquent aussitôt l'un sur l'autre, croisent les cils épineux qui les bordent, et par ce moyen le retiennent prisonnier, ou même le tuent avec les pointes de leur surface. Tant que l'insecte se débat, les lobes restent constamment fermés : on les romprait plutôt que de les forcer à s'ouvrir ; mais lorsqu'il cesse de s'agiter ou qu'il est mort, les lobes s'écartent d'eux-mêmes. Ce curieux phénomène a excité l'enthousiasme d'Ellis, qui, le premier, l'a fait connaître dans une lettre à Linné.

Cette curieuse propriété fait rechercher cette plante, que l'on élève difficilement dans nos serres. Il lui faut une température humide constante, comme celle des lieux marécageux de la Caroline du sud, où elle croît naturellement, et exclusivement.

Le surnom de Vénus qu'Ellis a choisi pour nommer

cette plante, s'explique facilement quand on jette un regard sur les feuilles alternativement ouvertes et fermées de la Dionée : c'est ainsi que les conchyliologistes avaient précédemment appliqué le nom de *Vénus* à certaines coquilles dont l'aspect offre les mêmes analogies.

> Voyez cet arbrisseau si funeste à la mouche ;
> Que, d'un vol étourdi, l'insecte ailé le touche,
> Son sein armé de dents se referme soudain,
> Et perce l'imprudent qui se débat en vain.

La *Dionœa muscipula* n'a pas de nom particulier en français ; elle appartient à la famille des *Droséracées,* laquelle comprend aussi le genre *drosera,* dont les feuilles bordées de poils raides offrent un phénomène analogue à celui qu'on remarque dans la *Dionœa muscipula.*

On peut observer le *Drosera longifolia* au bord de l'étang de Saint-Léger, près de Rambouillet (fig. 47).

L'APOCYN.

(Du grec ἀπό, loin de, et de κυων, chien, dont il faut éloigner les chiens).

Cette plante, de la famille des Apocynées, contient un suc qui est un poison très violent. Ce genre, type de la famille, se compose de plantes herbacées vivaces, croissant dans l'Amérique et l'Asie boréales, très rarement dans l'Europe centrale. Une des plus curieuses espèces est *l'Apocynum androsœmifolium,* appelée vul-

gairement, comme la dionée, *attrape-mouche,* parce
que les cinq nectaires qui entourent le pistil de cette
plante secrètent une liqueur sucrée qui attire les mou-

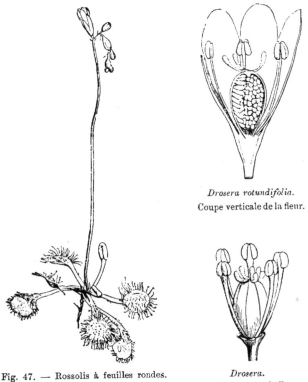

Drosera rotundifolia.
Coupe verticale de la fleur.

Fig. 47. — Rossolis à feuilles rondes.
(*Drosera rotundifolia*).

Drosera.
Androcée et pistil.

ches. Celles-ci enfonçant leurs trompes dans ces cavités perfides, en excitent l'irritabilité, les font se re-
plier sur elles-mêmes, et restent prisonnières.

Dix petits corps allongés, que l'on croit être le
pollen, sont suspendus au stygmate par autant de fils

réunis deux à deux, à leur extrémité supérieure, comme
les deux jambes d'un compas. Les mouches allongent leur trompe entre ces deux fils pour sucer le
miel de la fleur, et quand elles veulent s'envoler elles
se trouvent prises, parce que les efforts qu'elles font
pour s'élever dans l'air engagent de plus en plus leur
trompe entre les deux fils, précisément vers le point
où ils se réunissent et forment une espèce de pince
assez dure — qu'on se figure un enfant qui aurait la
tête prise entre deux barreaux, écartés par en bas,
réunis par en haut, et qui, pour se dégager, relèverait
la tête.

L'*Arum* et l'*Apocin* attrapent des mouches aussi
bien que la *Dionœa* et le *Drosera*, mais dans ces
deux derniers, le piège résulte de l'irritabilité de l'organe, tandis que dans les deux autres, il résulte de
la simple structure des parties qui ne donnent aucun
signe manifeste d'irritabilité.

Les Indiens de l'Amérique septentrionale tirent
des tiges de l'*Apocynum cannabinum* une filasse qu'ils
emploient à la fabrication de tissus grossiers.

Les racines des deux espèces que nous venons de
nommer, sont émétiques, diurétiques et diaphoré-
tiques : à petite dose, elles agissent comme tonique.

ROSSOLIS OU ROSÉE DU SOLEIL

Drosera (Linné).

Les feuilles de *Rossolis* offrent quelque analogie
avec la Dionée, dont nous avons parlé plus haut : elles

sont aussi douées d'irritabilité, d'un mouvement excitable mais moins évident. Les rossolis sont de petites plantes, presque toujours cachées sous l'herbe, leurs feuilles sont couvertes de poils glanduleux et colorés, dont les glandes transparentes ressemblent à de petites gouttes de rosée persistantes, d'où leur est venu le nom de *rosée du soleil* (*ros solis*).

Un sorte d'*arum*, qui sent mauvais comme un cheval mort, l'*Arum muscivorum*, appartient à la famille des *Aroïdées* et croît dans les îles Baléares. Ses fleurs sont entourées d'une espèce de feuille qu'on nomme *spathe*, cette spathe est roulée sur elle-même comme un cornet de papier; l'intérieur du cornet est garni de longs poils inclinés vers la base. Les *mouches* attirées par l'odeur cadavéreuse de la fleur, se précipitent dans le fond du cornet en écartant les poils convergents qui cèdent à leurs efforts, mais qui résistent quand elles veulent sortir. Cela ressemble exactement aux ouvertures ménagées dans les souricières de fil de fer.

On nomme toutes les espèces du genre arum, *pied de veau*. Il serait mieux de dire, oreille de veau, à cause de sa forme.

LE SAINFOIN OSCILLANT.

(*Hedysarum gyrans* de Linné fils.)

Un mouvement singulier et unique en son genre est celui du *sainfoin oscillant*. Cette plante, de la famille des légumineuses, est originaire de l'Inde orientale, et, dans nos climats, ne peut être conservée qu'en serre.

Elle porte des feuilles composées de trois folioles, deux latérales très petites, linéaires, oblongues, et une impaire écartée des deux autres : les deux folioles latérales sont dans un mouvement presque continuel, et qui s'exécute par de petites saccades analogues à celles de l'aiguille des montres à secondes. L'une d'elles monte jusqu'à s'élever au-dessus du niveau du pétiole de cinquante degrés environ, et l'autre descend pendant le même temps d'une quantité correspondante. Quand la première commence à descendre, la seconde se met à monter, et elles sont ainsi dans un mouvement d'oscillation continuelle. La foliole impaire se meut en s'inclinant tantôt à droite, tantôt à gauche, et ce mouvement est continu, mais très lent si on le compare à celui des folioles latérales. Ce singulier mécanisme dure pendant toute la vie de la plante, de jour et de nuit, par la sécheresse et l'humidité. Plus il fait chaud et humide à la fois, plus la plante est vigoureuse, plus le mouvement est vif, surtout dans les folioles latérales. On assure que dans l'Inde on a vu ces folioles exécuter jusqu'à soixante petites saccades par minute.

On en ignore complètement les causes.

C'est Milady Monson qui découvrit au Bengale le sainfoin oscillant. Son zèle pour l'histoire naturelle lui avait fait entreprendre un voyage dans les Indes.

C'est en 1777 que cette curieuse plante fut introduite pour la première fois en Europe.

Merveilleuse fécondation de la VALLISNÉRIE. — Plante dioïque, c'est-à-dire dont les étamines se trouvent sur une fleur et le pistil sur une autre. (Abondante dans le Rhône, près Orange; dans la Garonne et les environs d'Arles.)

Dans cette curieuse plante, les fleurs femelles sont fixées au sol par de larges tiges qui s'enroulent en spirales sur elles-mêmes. Au moment de la féconda-

Fig. 48. — Morrène aquatique (*Hydrocharis morsus-ranæ*).

tion, les spirales des tiges femelles se déroulent et les fleurs viennent s'épanouir sur l'eau. Mais comme les fleurs mâles ne sont pas, comme les fleurs femelles, portées sur une tige élastique, elles ne peuvent venir s'épanouir à fleur d'eau : alors que font-elles? Elles laissent leur enveloppe et viennent, à la surface de l'eau, flotter autour des fleurs femelles, les fécondent et sont ensuite entraînées au courant de l'eau, parce qu'elles sont coupées. Les fleurs femelles fécondées se replient et redescendent au fond de l'eau pour y mûrir les ovules fécondés.

Et on ne voit pas là le doigt de Dieu! Quel est l'agent secret qui les avertit du moment favorable pour briser leurs liens? Aucun mouvement mécanique ne peut leur être imprimé par les fleurs pistilaires, qui sont isolées et sur des pieds séparés. Il n'y a donc que les étamines, qui, sur le point de répandre le pollen, les sollicitent à se rendre à la surface de l'eau. Alors, sans doute, les sucs alimentaires s'arrêtent à leur point d'attache qui se dessèche, la fleur est libre, et, par une de ces combinaisons, qui font qu'on ne peut trop admirer la sagesse qui la dirige, l'anthère est à son point de perfection au moment même où elle devient nécessaire au pistil.

LE NÉPENTHÈS DISTILLATOIRE.

(du grec νηπενθής, qui dissipe le chagrin.)

Providence des voyageurs.

Ce genre de plantes de la Diœcie-Polyandrie, constitue à lui seul la petite famille des *Népenthées.* L'espèce la plus remarquable est le *Népenthès* de l'Inde ou Népenthès distillatoire. Les feuilles se terminent à leur sommet par un long filament qui porte une sorte d'urne creuse, lisse, de la forme d'un fourneau de pipe, ordinairement d'un beau bleu en dedans, et recouverte à son sommet par un opercule qui s'ouvre et se ferme naturellement, comme le couvercle d'une boîte. Cet appendice de la feuille est un des mécanismes les plus travaillés qu'on puisse trouver dans les productions les plus compliquées de la nature. Cette plante peut être mise, sans exagération, au nombre de ses plus grandes merveilles, et fait toujours l'admiration de ceux qui l'observent. Il est certain que l'urne qu'elle présente à l'extrémité de ses feuilles est un des beaux phénomènes de la végétation. Cette urne est en effet remplie d'une eau douce, limpide et très bonne à boire que secrète la plante. Pendant quelque temps; on a cru que cette eau provenait de la rosée qui s'y accumulait; mais comme l'ouverture en est assez étroite et souvent fermée par l'opercule, on a reconnu que le liquide avait sa source dans une véritable transpiration, dont la surface de l'urne est le siège. Au matin, le couvercle est fermé ; mais il s'ouvre pendant la chaleur du jour, et alors une partie de l'eau s'évapore. Mais l'urne s'emplit de nouveau pendant la nuit, et chaque matin trouve le vaisseau plein de liquide et le couvercle fermé.

Cette plante croît sous des climats où le voyageur souffre souvent de la soif et est heureux de boire l'eau que lui offre ce végétal, chaque urne du Népenthès contenant la valeur d'un verre ordinaire.

Plusieurs espèces de petits vermisseaux nagent, vivent et meurent dans cette liqueur.

Homère, dans son *Odyssée,* donne le nom de *Népenthès* à un breuvage narcotique qu'Hélène composait pour dissiper la mélancolie de Télémaque à la recherche de son père Ulysse. La composition de ce merveil-

leux breuvage a beaucoup occupé les commentateurs,
quoique Plutarque, Athénée et Philostrate déclarent
que le Népenthès d'Homère n'était pas autre chose
que les charmes de la conversation de la belle Lacé-
démonienne.

Linné, en appliquant ce nom à cette plante, s'écrie :
« Si elle n'est pas le Népenthès d'Hélène, elle le sera
certainement de tous les botanistes ; car quel est celui
d'entre eux qui, venant à le rencontrer dans une de
ses herborisations, ne serait pas rempli d'admiration
et n'oublierait pas les fatigues qu'il aurait essuyées! »

LE DICTAME-FRAXINELLE.

Dans les beaux jours d'été, cette plante présente,
le soir et le matin, un phénomène curieux. Toutes ses
parties sont couvertes d'un très grand nombre de vésicules ou de glandes remplies d'une huile volatile qui,
dans les grandes chaleurs, produit autour de cette plante
un fluide éthéré. A l'approche d'une bougie, ce fluide
s'enflamme, et rien n'est plus curieux que de voir autour de cette plante une auréole qui ne lui nuit en rien.

Ajoutons que cette plante (fig. 49) et la Rue nous
offrent, dans les étamines, des mouvements et une
manœuvre bien remarquable que chacune put observer au moment de la floraison.

LE TILLANDSIA.

On trouve dans la Caroline septentrionale, près de
Wilmington, un arbre dont le feuillage offre, dans

quelques situations, un aspect tout à fait étrange.

Fig. 49. — Fraxinelle (*Dictamus albus*).

Une masse de filaments grisâtres suspendus aux

branches et balancés par le vent, prête aux arbres une longue chevelure blanche, qui a quelque chose de fantastique et de bizarre. Dépouillés de leur enveloppe extérieure, ces filaments ressemblent beaucoup à du crin. On les recueille en grande partie, et on les enterre dans des endroits marécageux ; quand l'écorce est en partie rongée par l'eau, on l'enlève, on nettoie les fibres intérieures, on les fait sécher, et on en fait *d'excellents matelas.*

C'est ainsi qu'on dépouille le Lin de son enveloppe extérieure, par le même procédé, en le faisant *rouir* dans l'eau comme le chanvre.

Ce genre de plante était bien connu de Linné, qui lui avait donné le nom singulier qu'il porte et par une circonstance assez remarquable.

Voici le fait :

Parmi les anciens botanistes de la Suède, il y avait un certain docteur, qui, ayant fait dans sa jeunesse un voyage sur mer très désagréable, et ayant couru des dangers pendant le trajet, pour aller d'Abo où il demeurait à Stockholm, fit le vœu, dès qu'il mit le pied sur la terre ferme, de ne jamais s'aventurer de nouveau sur l'eau. Il tint sa promesse si scrupuleusement, que lorsqu'il lui fallut retourner dans son pays, il fit plusieurs centaines de milles, pour éviter une traversée de quelques heures. Sa haine pour l'eau, et son amour pour le continent, devinrent une si grande manie qu'il renonça à son nom de famille, pour prendre celui de *Til Lands,* qui, en suédois, veut dire *terre.* Vous penserez peut-être, comme moi, que ce docteur avait fait un vœu téméraire, et que dans tout cela il ne montrait pas beaucoup de sens; mais un homme peut être faible dans certaines choses, et sage dans d'autres. Celui-ci était sage en botanique; il fit un excellent catalogue de toutes les plantes sauvages qui se trouvaient aux environs du lieu qu'il habitait. En l'honneur de ce catalogue, et en l'honneur du nom bizarre que ce savant avait adopté, Linné donna le nom de *Tillandsia* à cette famille de plantes, qui se distingue aussi par sa haine pour l'eau. Un des plus sévères censeurs de Linné avait été si ravi de l'heureux choix de ce nom, qu'il avait déclaré que ce seul fait lui ferait pardonner mille défauts à cet illustre botaniste.

Mais revenons à notre plante. En quoi ces longs fils lui sont-ils utiles? Ils l'aident à se ressemer. Le *Tillandsia* est une plante parasite qui croît sur les arbres comme le gui ; ses graines, pourvues de ces longs fils, sont emportées au loin par le vent, et les fils s'attachent aux branches des arbres, et y retiennent la graine jusqu'à ce qu'elle ait pris racine.

Quelle admirable prévoyance!

Le Tillandsia n'est ni une mousse, ni un lichen; il est très voisin du genre Ananas, et prend place avec lui dans la famille des Broméliacées. L'espèce, dont nous parlons ici, est l'Usnéoïdes, surnom que cette plante doit à une certaine ressemblance avec des lichens du genre *Usnea*. La plupart des Usnea sont des parasites qui vivent sur les arbres; ils se développent en fils nombreux, ramifiés et pendants. Le Tillandsia Usnéoïdes croît également sur les arbres : ses feuilles effilées partent en touffes de la racine, et s'inclinent vers la terre. Elles ont en effet l'apparence d'une longue chevelure. De loin, on serait tenté de les prendre pour quelque espèce voisine de l'*Usnea-barbata,* de nos forêts européennes. Du reste, il n'existe aucune analogie d'organisation entre les Usnea et les Tillandsia. Il nous suffit d'observer que les *Usnea* sont privées de fleurs, comme tous les lichens, et que les *Tillandsia* ont des fleurs, comme toutes les Broméliacées.

Nuttal, qui a trouvé le Tillandsia Usnéoïdes dans les épaisses forêts de la Louisiane inférieure, remarque que sa présence est un signe certain de l'humidité malsaine de l'air ; et le savant Martius, qui nous a donné une très belle description des forêts du Brésil, y indique cette Broméliacée dans une atmosphère chargée de vapeurs épaisses et méphitiques.

FLOS AERIS (*fleur de l'air*).

Il y a une espèce de plante du genre *Epidendrum* (famille des *Orchidées*), le *Flos aeris,* originaire de l'Inde, qui mérite d'être distingué particulièrement. On nomme cette plante *Aéride fil d'araignée*, à cause de la délicatesse de sa tige et parce qu'elle croît et fleurit lorsqu'elle est suspendue en l'air. On assure qu'elle peut végéter des mois, et même des années, pendante au plafond d'une chambre. Le suave parfum de ses fleurs passe parmi les habitants du pays, pour avoir une influence fortifiante.

Sir William Jones parle, dans une lettre écrite pendant son séjour aux Indes Orientales, de la singulière propriété qu'a cette plante de vivre suspendue au toit dans l'intérieur des maisons et d'y végéter pendant longtemps. Il dit qu'une Aéride se balançait au-dessus de sa tête, au moment même où il écrivait ; il avait attaché ses branches sans racines, aux solives du toit, et il parle avec délices de la suave odeur de ses fleurs.

CHAPITRE VII.

RÉVEIL ET SOMMEIL DES PLANTES.

Le Nénuphar. — Surprise et admiration de Linné à la vue d'un Lotier.
Le Pissenlit. — Phénomènes curieux.

Le Nénuphar blanc ou lis des marais (*Nymphœa alba*), ainsi appelé de la couleur de ses fleurs, est sans contredit la plus belle plante aquatique de l'Europe. Il se trouve abondamment en France, à la surface des étangs et des rivières. Cette plante est remarquable en ce que ses fleurs *se ferment* en se plongeant dans l'eau au coucher du soleil; elles en sortent et s'épanouissent de nouveau, lorsque cet astre reparaît sur l'horizon. C'est pour cela sans doute que les Anciens l'avaient consacré au soleil, et il est fréquemment figuré sur les monuments de l'antiquité. On représente souvent Horus ou le soleil, ainsi que les dieux indiens, assis sur sa fleur, qui couronnait aussi le front d'Osiris. Ne serait-ce pas là un emblème du monde sorti des eaux?

Surprise et admiration de Linné à la vue d'un Lotier.

Linné reçut un jour pour la première fois de Sauvages, l'illustre professeur de Montpellier, des graines du *Lotier pied d'oiseau.* L'illustre naturaliste suédois les fit soigner à Upsal avec toute l'attention que méritent toutes les plantes du midi de la France. Les deux premières fleurs qui parurent un matin fixèrent l'attention du savant; mais il remit à la fin de la journée pour les étudier. Chose curieuse! elles avaient disparu! Croyant qu'on les avait enlevées, il pria qu'on prît les plus grands soins de son Lotier. Cependant, dès le matin du jour suivant, il revit deux fleurs qu'il crut nouvelles; mais au soir les deux fleurs avaient disparu! Linné soupçonne alors quelque chose d'extraordinaire; il cherche et voit avec la plus grande surprise que les deux stipules sessiles, qui terminent le rameau fleuri, avec une foliole seule, se rapprochent en s'inclinant et couvrent en entier les fleurs et leur support. C'est un *sommeil*, et cette plante ne peut jouir seule de cette singularité organique. Aussi, la même nuit, Linnée se promène, une lanterne à la main, dans le jardin de botanique, dans les serres, et ne voit pas sans une vive satisfaction le port d'un grand nombre d'espèces totalement changé. On pense bien qu'il ne se borna pas à une seule visite nocturne; il les multiplia pour constater les diverses dispositions des feuilles suivant les espèces de végétaux, et toutes présentent au philosophe qui les contemple l'image d'un doux repos et d'un véritable sommeil. Un spectacle si nouveau fit une profonde impression sur le religieux et sensible Linné. Les impressions qu'il éprouve sont rendues encore plus sensibles par le silence de la nuit; son cœur est vivement ému, des larmes abondantes coulent de ses yeux : il avait surpris le secret de Dieu, qui venait encore une fois de se révéler à ses yeux.

Continuons cette intéressante étude sur le réveil et le sommeil des fleurs.

Parmi les faits pleins d'intérêt que nous offre cette étude, voyons encore ce que l'on observe dans la plupart des fleurs *composées*, et prenons pour exemple le *Pissenlit*. Cette plante, si connue et si dédaignée, est pourtant remarquable par son disque d'or, par la légèreté, l'élégance de son aigrette, et par beaucoup d'autres attributs.

Avant la floraison, le calice, sous ses folioles presque imbriquées et très serrées, tient les fleurs à l'abri des variations de l'atmosphère; mais dès que le moment de l'épanouissement est arrivé, et que le temps est favorable, ses folioles s'ouvrent, s'écartent, et laissent aux corolles la liberté d'exposer au soleil leurs pétales rayonnants. A l'approche de la nuit, tout se ferme, et le calice reprend sa première position; la fécondation s'opère, les corolles se flétrissent et tombent; mais le calice reste : il a protégé les fleurs il protègera encore les semences jusqu'à leur parfaite maturité. Celles-ci ne sont que médiocrement attachées au réceptacle et elles le quitteraient à la moindre secousse, si elles n'avaient point d'abri. Le calice se

ferme donc de nouveau et ne s'ouvre plus. Il reste dans
cette position quel que soit l'état de l'atmosphère, fortement appliqué sur les jeunes semences jusqu'à ce
qu'elles soient parfaitement mûres. Alors il les quitte ;
et, pour ne pas gêner leur dissémination, il tient toutes
ses folioles rabattues sur leur pédoncule. Le réceptacle
saillant en dehors prend une forme convexe et se
montre chargé des semences ornées de leur aigrette
et disposées en une jolie tête globuleuse et d'une
telle légèreté, qu'au moindre souffle ces semences
voltigent au milieu des airs. Il ne reste plus de la
fleur que le réceptacle à nu, offrant à l'œil de l'observateur sa surface parsemée de petits alvéoles dans lesquels les semences sont insérées par leur base.

On a cherché à expliquer par les influences atmosphériques ce jeu admirable des folioles du calice. A
la vérité, tant que la plante est en fleur, ces folioles
semblent céder, par leur changement de situation,
aux impressions de l'humidité ou de la sécheresse, de
la lumière ou de l'obscurité ; mais par quelle cause ce
même calice cesse-t-il d'en éprouver l'influence après
la fécondation ? Pourquoi reste-t-il constamment
fermé sur les graines ? Quelle force inconnue le retient dans cette position, quel que soit l'état de l'atmosphère ? Quelle puissance lui fait rabattre ensuite
toutes ses folioles après la maturité des semences ?...

Ces curieux phénomènes que nous venons d'exposer sur la fleur du *Pissenlit* se rencontrent dans un
grand nombre d'autres, et souvent avec des modifications qui ne font que les rendre plus intéressantes.

Que de faits merveilleux n'aurions-nous pas à observer dans les plantes les plus communes, dans nos herbes potagères, dans nos arbres fruitiers, dans les fleurs
de nos parterres, dans les plantes qui composent les
pâturages et les prairies.

Mais quelles sont les causes de ce singulier phénomène connu sous le nom de *sommeil* et de *réveil*
des plantes? C'est encore sur la fleur modeste qui nous
occupait tout à l'heure, le *Pissenlit,* que les savants
botanistes ont fait leurs expériences.

La fleur du pissenlit vit ordinairement deux jours
et demi, en sorte qu'elle présente pendant ce temps
le réveil le matin et le sommeil le soir. Le troisième
jour, le dernier sommeil arrive vers midi et il est suivi
de la mort des corolles. Dans le réveil, les demi-
fleurons dont cette fleur est composée se courbent vers
le dehors, ce qui opère son épanouissement; dans le
sommeil, au contraire, les demi-fleurons se courbent
vers le dedans de la fleur, ce qui opère son occlusion.
Malgré le peu d'épaisseur de ces demi-fleurons, on a pu
observer au microscope l'organisation intérieure de
leurs nervures qui sont fort petites et au nombre de
quatre dans chaque demi-fleuron.

A la face interne ou supérieure de chacune de ces
nervures, existe un tissu cellulaire aligné, dont les
cellules sont couvertes de globules. A la face externe
ou inférieure des nervures du demi-fleuron se trouve
une couche fort mince de tissu fibreux, située entre un
plan de trachées et un plan de cellules remplies d'air, et
situées superficiellement. Ce tissu fibreux est compris

entre deux plans d'organes pneumatiques, ou susceptibles de se vider et de se remplir tour à tour; il
devient probable dès lors que ce tissu fibreux est *incurvable*, ou peut se recourber par *oxygénation*, c'est-à-
dire au moyen du gaz oxygène, et que le tissu cellulaire est incurvable par *endosmose*, expression qui
désigne l'action d'un fluide qui pénètre de dehors en
dedans. En effet, l'expérience prouve que l'incurvation
qui produit le réveil dans les demi-fleurons du pissenlit est due à une implétion de liquide avec excès,
c'est-à-dire à l'endosmose, et que l'incurvation qui
produit le sommeil est due à l'oxygénation.

Les demi-fleurons du pissenlit étant cueillis de grand
matin, lorsqu'ils ont encore l'incurvation du sommeil,
et étant plongés dans l'eau aérée, y prennent tout de
suite l'incurvation contraire, qui est celle du réveil. Ce
phénomène a lieu à l'obscurité comme à la lumière. Si
on les plonge dans l'eau non aérée (qu'on a fait bouillir), ils y prennent une courbure de réveil exagérée, et
ils conservent invariablement cette courbure. Si l'on
transporte ces demi-fleurons, ainsi courbés vers le
dehors, dans du sirop, ils prennent une courbure en
sens opposé : ainsi, il n'y a pas de doute que ce ne
soit l'endosmose qui agit ici. Si on laisse séjourner
pendant quelques heures les demi-fleurons qui sont à
l'état de réveil dans l'eau aérée, ils y prennent l'incurvation qui est celle de l'état de sommeil, et cette
incurvation n'est pas détruite en transportant les
demi-fleurons ainsi courbés dans du sirop, ce qui
prouve bien que cette incurvation de sommeil n'est

point due à l'endosmose. Comme cette incurvation de
sommeil n'a point lieu dans l'eau non aérée, cela prouve
qu'elle est due à l'oxygénation.

Ainsi le réveil et le sommeil des demi-fleurons de
la fleur de Pissenlit résultent de l'incurvation alternativement prédominante d'un tissu organique incurvable par endosmose, et d'un tissu organique incurvable par oxygénation. Le premier est indubitablement
le tissu cellulaire, et le second le tissu fibreux, contenus l'un et l'autre dans les tissus du demi-fleuron. Ces
deux tissus incurvables, tour à tour victorieux l'un de
l'autre, épanouissent ou ferment la fleur.

Les causes qui font prédominer le matin l'incurvation du tissu cellulaire, agent du réveil, sont, d'une
part, une plus forte ascension de la sève sous l'influence de la lumière, ce qui accroît la turgescence de
ce tissu ; et d'une autre part, la diminution de la force
d'incurvation antagoniste du tissu fibreux, agent du
sommeil, diminution qui a lieu pendant la nuit. En
effet, si l'on cueille des demi-fleurons le soir, lorsqu'ils
viennent de prendre l'incurvation du sommeil, et qu'on
les plonge dans l'eau aérée, ils y conservent pour
toujours leur incurvation de sommeil; si l'on cueille le
lendemain matin, sur la même fleur, d'autres demi-
fleurons ayant encore l'incurvation du sommeil, et
qu'on les plonge dans l'eau aérée, ils y prennent sur-
le-champ l'incurvation du réveil, même à l'obscurité.
Or, par l'immersion des demi-fleurons dans l'eau; on
provoque l'endosmose de leur tissu cellulaire, et par
conséquent on sollicite son incurvation qui doit pro-

duire le réveil. Si ce résultat n'a point lieu le soir, c'est que l'incurvation par oxygénation du tissu fibreux antagoniste est trop forte, et ne peut être vaincue par l'incurvation du tissu cellulaire. Si le lendemain matin, en plongeant dans l'eau les demi-fleurons qui ont passé la nuit sur la plante, on produit leur incurvation de réveil, cela prouve que la force d'incurvation du tissu fibreux a diminué, et que, par conséquent, ce tissu fibreux a perdu pendant la nuit une partie de son oxygénation, en sorte que le tissu cellulaire incurvable par endosmose, qui est son antagoniste et l'agent du réveil, l'emporte encore.

Ainsi la fleur qui offre, pendant plusieurs jours, les alternatives du réveil et du sommeil, est celle chez laquelle le tissu fibreux, agent du sommeil, perd pendant la nuit une partie de l'oxygène qui a été fixé dans son intérieur pendant le jour, et qui est la cause de son incurvation, en sorte que, celle-ci ayant le matin perdu de sa force, le tissu cellulaire incurvable par endosmose, agent du réveil, redevient vainqueur. Le sommeil de cette fleur arrive de nouveau le soir, parce que l'oxygénation du tissu fibreux, agent du sommeil, augmente graduellement pendant le jour, ce qui rend son incurvation victorieuse ; en même temps la diminution de la lumière occasione la diminution de l'ascension de la sève, ce qui affaiblit la turgescence, et, par conséquent l'incurvation du tissu cellulaire, agent du réveil. Les fleurs qui n'offrent qu'un seul réveil et qu'un seul sommeil sont celles dont le sommeil unique est immédiatement suivi de la mort de la corolle.

Nous espérons que le lecteur nous saura gré d'avoir mis sous ses yeux ces admirables mécanismes, cachés dans les pétales d'une simple fleur, et mis en jeu par les agents atmosphériques pour un but qui fait ressortir

Fig. 50. — Jasmin d'hiver.

les soins attentifs de cette Providence adorable, non moins étonnante dans la construction de la plus humble fleur des champs, que dans la création de ces millions de soleils qu'elle guide dans l'immensité de l'espace.

CHAPITRE VIII.

BEAUTÉ DES FLEURS.

Horloge botanique, dite Horloge de Flore. — Calendrier de Flore. —
Baromètre et Thermomètre floral. — Hygromètre.

Horloge de Flore. — Il n'est pas de plaisir plus
agréable, pour l'homme qui aime à observer, que celui
de suivre le développement des plantes, depuis le
moment où elles commencent à germer, jusqu'à l'époque de leur floraison et de leur fructification. Non
seulement à la campagne, mais encore dans les villes,
il est peu de personnes qui ne se procurent l'innocent
plaisir de cultiver quelques fleurs. C'est ce qui nous
explique pourquoi, à Paris surtout, les balcons et même
l'intérieur des appartements sont si souvent garnis de
pots de fleurs. Avec quelle curiosité nous épions le
moment où la jeune plante déchire les enveloppes
qui la tiennent captive dans sa graine, pour percer la
terre qui la recouvre et apparaître à la lumière! Nous
suivons avec la plus douce émotion la naissance des
premières feuilles, depuis l'accroissement de la tige,
le feuillage dont elles se parent et enfin l'épanouisse-

ment de ses fleurs qui en font le plus bel ornement.
A chaque instant du jour, nous suivons les progrès du
bouton qui s'est ouvert le matin ; et quand elle s'offre
à nos regards dans toute sa beauté, il nous semble
qu'elle ajoute à la pureté du jour, et nous sentons
notre âme plus gaie, nos dispositions morales plus
pures. Cet état, nous le devons souvent à l'épanouissement d'une fleur. Il semble que nous avons partagé
les efforts de ce nouvel être qui apparaît à la vie. Mais
il n'y a guère que les âmes pures et simples, que ceux
dont l'existence se passe dans des occupations simples et paisibles, qui sentent toutes ces jouissances si
vraies et si délicieuses. Elles fuient presque toujours
ceux que l'ambition dévore, et dont la vie inquiète et
agitée se passe dans des désirs immodérés ou que la
conscience réprouve.

Tout le monde sait que, si toutes les plantes fleurissent, elles ne fleurissent pas, heureusement, à la
même époque de l'année. La position géographique,
le sol, la lumière, l'exposition sont des causes qui
offrent une différence remarquable ; et c'est précisément ce qui en fait le charme. Si les fleurs s'épanouis-
saient toutes à la fois, elles auraient bientôt disparu,
et nous aurions été privés de ce beau tableau qui
change d'aspect chaque jour et qui pare si gaiement
chaque mois de l'année, par toutes ces décorations
qui se succèdent tour à tour.

Ainsi les Perce-Neige, les Daphnés, les Ellébores,
sont remplacés par la Violette et la Primevère, puis
viennent l'Hépatique, la Giroflée jaune, le Lilas, jus-

qu'à la Colchique dans les vallées, et la Marguerite
dans nos jardins. Les unes annoncent le commencement, les autres la fin de la belle saison. D'autres lut-
tent contre les premiers frimas; et déjà la terre se
couvre de neige, qu'on voit encore la belle Chrysanthème des Indes briller dans nos jardins par ses belles
et grosses fleurs panachées.

Le Lotus (*Nymphœa Nelumbo*) est le plus bel ornement des eaux dans l'Inde et la Chine, ses feuilles
sont larges et ses grandes fleurs sont d'un rouge
magnifique. Les anciens Égyptiens l'avaient consacré
à la divinité, parce qu'il était alors très abondant dans
le Nil. Les Hindous le regardent comme l'emblème du
feu et de l'eau réunis. Cette belle plante embellit les
lacs et les fleuves de sa verdure, et les poètes l'ont
chantée.

« La fleur du Lotus, dit Forster, a dû nécessairement attirer l'attention des Indiens par sa grandeur
et par sa beauté; elle est ornée de diverses couleurs,
mais particulièrement d'un rouge éclatant. »

Il serait difficile de réunir toutes les comparaisons
dont elle est l'objet, et elle inspire tant de vénération
à quelques individus, qu'ils se prosternent devant elle.
Selon les Indiens, « c'est la fleur de la nuit qui se
désole lorsque le jour vient à paraître; elle a peur des
étoiles, et ne s'ouvre qu'aux rayons de la lune à qui
seule, elle envoie ses parfums ».

Un oiseau de l'ordre des échassiers (le Para Jacana),
remarquable par son plumage marron, par la longueur de ses ongles, effilés comme des aiguilles, et par

l'éperon pointu qui réunit chaque aile à l'épaule, aime à sautiller à la surface de l'eau, avec ses longues jambes, sur les larges feuilles du Lotus.

Horloge des fleurs. — Il y a des fleurs qui permettent de distinguer les diverses heures du jour : elles s'ouvrent ou se ferment alternativement pendant tout le temps de leur existence à un moment déterminé. Ainsi :

Le Liseron s'éveille avec l'aurore et se couche avec le soleil. Le Souci des champs s'épanouit par un beau temps, mais il replie doucement ses pétales, lorsque l'orage approche.

Bien plus, si les fleurs s'animent à tous les instants de la journée, chacune a son heure, et elles s'ouvrent et se ferment à un moment précis. C'est en étudiant ainsi le réveil et le sommeil des fleurs, que l'illustre naturaliste Linné conçut l'idée ingénieuse de son *Horloge de Flore.*

Longtemps avant lui, les villageois devinaient les heures du jour en jetant les yeux sur une prairie, et ils observaient, sans le savoir, l'harmonie magnifique et inexplicable qui existe entre le mouvement d'une petite fleur et le mouvement des astres qui mesurent le passage du temps. Et s'il y a des fleurs teintées de toutes sortes de couleur dans nos champs et nos prairies, il y a aussi dans le vaste champ des cieux, des étoiles de toutes les couleurs, depuis le rouge le plus intense, le rose le plus délicat, jusqu'au bleu le plus accentué.

La *Crépide des toits* s'éveille à cinq heures du matin et s'endort à midi ;

La *Laitue cultivée* s'éveille à sept heures du matin et s'endort à dix heures;

L'*Épervière piloselle* s'éveille à huit heures du matin et s'endort à deux heures de l'après-midi;

Le *Souci des champs* s'éveille à neuf heures du matin et s'endort à trois heures de l'après-midi;

Le *Sindrimal* de l'île de Ceylan ouvre ses fleurs à quatre heures du matin et les ferme le soir à la même heure.

Je vais consulter une de mes pendules. Ce soleil-là me répond qu'il est huit heures. Les montres, ça ne sert qu'aux horlogers. En voilà des centaines tout autour de vous...

Si vous voulez, je vous apprendrai l'heure à laquelle chacune s'endort et s'éveille, s'ouvre et se ferme, se penche et se relève; je vous en montrerai qui sonnent l'Angelus du matin et du soir, qui marquent midi et minuit.

Vos fleurs qui vous disent l'heure, vous disent aussi le temps qu'il fera.

Le Pissenlit ne se dérange jamais, et on n'a pas besoin de le porter chez l'opticien, comme votre baromètre. Il est ouvert aujourd'hui, il ne pleuvra pas!

Mois de la floraison (climat de Paris), par Lamarck.

Janvier. — Ellébore noir (Rose de Noël), Perce-neige, Violette.

Février. — Aune, Saule Marceau, Noisetier, Bois-Gentil, Perce-Neige, etc.

Mars. — Cornouiller mâle, Anémone, Hépatique, Buis, Thuya, If, Amandier, Pêcher, Abricotier, Groseillier épineux, Giroflée jaune, Primevère, Alaterne, etc.

Avril. — Prunier épineux, Tulipe, Jacinthe, Orobe printannier, Petite Pervenche, Frêne commun, Bouleau, Orme, Fritillaire impériale, Érables, Poiriers, etc.

Mai. — Pommiers, Lilas, Marronnier, Gaînier (arbre de Judée), Merisier à grappes, Cerisier, Frêne à fleurs, faux Ébénier, Pivoine, Muguet, Bourrache, Fraisier, Chêne, etc.

Juin. — Sauge, Coquelicot, Ciguë, Tilleul, Vigne, Nénuphars, Lin, Seigle, Avoine, Orge, Froment, Digitale, Pied-d'Alouette, Millepertuis, etc.

Juillet. — Hysope, Menthe, Origan, Tanaisie, Carotte, Œillets, Laitue, Houblon, Chanvre, Salicaire, Chicorée sauvage, Catalpa, etc.

Août. — Scabieuse, Parnassie, Gratiole, Balsamine des Jardins, Euphrasie jaune, Actées, Rudbeckia, Silphium, Coreopsis, Viorne, Laurier, Thym, etc.

Septembre. — Fragon, Aralie (Angélique épineuse), Lierre, Cyclamen, Amaryllis jaune, Colchique, Safran.

Octobre. — Aster à grandes fleurs, Hélianthe tubéreuse, Topinambour, Anthémis à grandes fleurs, etc.

Novembre. — Chrysanthèmes, Tussilages odorants, Verveine.

Décembre. — Ellébore noir. — Mousses.

CLIMAT DE PARIS.

Épanouissement.

1 h. matin. Laiteron de Laponie.
2 — Salsifis jaunes.
3 — Salsifis des prés ; Grande Picridie.
4 — Chicorée sauvage ; Liseron des haies.
5 — Laiteron commun, Pavot à tige nue ; Crépide des toits.
6 — Belle-de-Jour, Hypochœris tachetee.
7 — Nénuphar blanc ; Laitue cultivée.
8 — Mouron rouge, Mésembryanthème barbu.
9 — Souci des champs.
10 — Glaciale, Ficoïde napolitaine.
11 — Dame d'onze heures ; Ornithogalle.
12 — Pourpier ; Glaciale.
1 — Œillet prolifère.
2 — Scilla Pomeridiana ; Crépide rouge.
3 — Barkausie à feuilles de Pissenlit.
4 — Alysse alyssoïde.
5 — Belle-de-Nuit.
6 — Géranium triste ; Silène noctiflore.
7 — Hémérocalle safranée.
8 — Cactus à grandes fleurs ; Ficoïde nocturne.
9 — Nyctanthe du Malabar.
10 — Volubilis ; Liseron à fleur pourpre.
11 — Silène noctiflore.
12 (minuit). Cactus à grandes feuilles.

Sommeil ou fermeture.

10 h. matin. Chicorée sauvage.
11 — Crépide des Alpes.
12 (midi). Laiteron de Laponie.
1 — Pourpier, Œillet prolifère.
2 — Épervière auricule, Mésanbryanthème barbu.

3 h. du soir Souci des champs.
4   —   Alysson vésiculeux.
7   —   Pavot médicaule, Nénuphar blanc.
8   —   Hémérocalle fauve ; etc.

Certains ordres religieux ont copié ces heures pour
chanter les louanges de Dieu et réciter Matines.

9 h. du soir. Les Carmélites.
11   —   Les Chartreux.
12 (minuit). Capucins, Dominicains, Carmes.
2 h. matin. Trappistes.
3   —   Franciscains.
4   —   Jésuites.

HYGROMÈTRE DE FLORE.

Le Souci des pluies se ferme dans le jour quand il
va pleuvoir. Le Sonchus sibiricus ne s'épanouit que
par les brumes et les nuages.

Linné appelle *météoriques* les fleurs influencées par
les météores atmosphériques.

Bierkander en a dressé le tableau (Hygromètre).

On peut faire un hygromètre avec la barbe d'un
épi d'avoine arabe et même ordinaire.

LA SENSITIVE MIMOSA.

Un hygromètre meilleur se fait avec une espèce
d'herbe de l'Inde, extrêmement sensible, c'est-à-dire
ayant un pouvoir très vif de sensation : c'est la *Sensitive*. Les feuilles se ferment et se retirent à l'approche

de la main. Le docteur Darwin l'a mise en vers char-
mants.

Cette herbe indienne, de même que la barbe d'épi
de l'avoine commune, se tord et se détord à la sécheresse ou à l'humidité, mais à un degré beaucoup plus
fort; il existe, à ce qu'on assure, dix à seize révolutions
depuis l'extrême humidité, jusqu'à l'extrême sécheresse.

Cette herbe est tellement sensitive, qu'en ouvrant
ou fermant une porte, on agit sur elle ; elle sent l'approche d'une personne, et l'indique par le mouvement
des aiguilles. Dans l'instrument qu'on a fait avec cette
herbe, si on respire à travers les trous pratiqués dans
le côté de l'instrument, une des aiguilles, mue par la
vapeur du souffle semble voler autour du cercle, tandis que l'autre marque le nombre de ces évolutions.

C'est de nos jours qu'on a observé ses propriétés.
Dans l'*Encyclopédie* de Rees, on raconte que cette
espèce d'herbe fut découverte aux Indes-Orientales,
vers l'année 1800, par le capitaine Kater. Celui-ci
occupé à lever un plan, ou à faire quelques observations sur le pays, eut besoin d'un hygromètre très
exact, pour mesurer les plus petits degrés d'humidité;
il essaya de cette herbe qui remplit complètement son
but, et à l'épreuve il trouva qu'elle est de plus longue
durée, et plus sensitive que la barbe d'épi d'avoine.

Voici comment le capitaine Kater remarqua cette
herbe. Comme il se promenait un soir sans bottes,
dans un endroit rempli de cette plante, il s'impatien-
tait d'en sentir les barbes lui piquer les jambes; et, le

soir, en se déchaussant, il trouva ses bas garnis de brins d'herbes qui s'étaient entortillés dans le tissu. Il les tira un à un, et les examina avec soin. Son attention une fois fixée, il remarqua que l'humidité et la chaleur agissaient sur cette plante, et il imagina de s'en servir, comme hygromètre, pour ses recherches scientifiques.

Hygromètre avec la graine du Géranium. — On fait un hygromètre avec une graine de géranium, à longue queue tournée en tire-bouchon, qu'on passe au travers du couvercle d'une boîte de carton. Elle se tort à la sécheresse et se détort à l'humidité : elle donne une mesure assez exacte de l'atmosphère.

Hygromètre-Mousse. — Il existe une petite mousse à brins fins et déliés qui, toute froissée et roulée sur elle-même, indique la sécheresse. C'est la *Funaire hygrométrique* ou Hygromètre du laboureur, parce que les paysans la consultent quelquefois.

Le *Trèfle.* — Les feuilles du Trèfle toutes développées, se rapprochent et se collent les unes aux autres quand il doit faire de la pluie.

Le joli *Liseron* des haies se ferme dès que le ciel se couvre.

LA ROSE DE JÉRICHO.

« Nous venions, dit un voyageur, de traverser une petite partie des immenses déserts qui s'étendent entre la mer Rouge et le golfe Persique, nous dirigeant vers Médine. La caravane avec laquelle je marchais était épuisée ; bêtes et gens mouraient de fatigue et de soif ; et cependant nous ne voyions se dérouler à perte de vue que des sables arides, semés de loin en loin d'arbustes rabougris. On fit une halte pour laisser passer la plus grande chaleur du jour. Malgré ma lassitude, je m'éloignai à quelques centaines de pas, afin d'examiner ce sol aride, espérant y découvrir quelques productions rares ou inconnues. J'y cherchais surtout ces petites boules d'un tissu ligneux, qu'on a nommées Roses de Jéricho, et dont le nom savant est *Anastica hierochuntina*. Je ne tardai pas à en trouver.

« Cette prétendue rose est tout simplement une herbe de l'Orient qui croît au milieu des sables les plus arides. Elle pousse d'abord verte, puis elle se dessèche peu à peu et prend la consistance du bois ; ses branches se resserrent et se roulent les unes sur les autres. Comme elle ne tient au sol que par une très faible racine, le vent la détache, l'enlève, la roule à travers le désert, jusqu'à ce qu'elle trouve un creux ou un sillon qui l'arrête. Je connaissais l'action que l'humidité exerce sur cette plante : jugez donc de ma joie en en apercevant une presque épanouie. C'était un indice certain de la présence de l'eau. J'appelai à grands cris mes compagnons, qui se moquaient de ma découverte, et n'y voulaient pas croire. Enfin, ils se laissèrent persuader ; nous creusâmes le sable, et, à un demi-mètre environ, nous trouvâmes de l'eau très pure et assez abondante pour nous désaltérer et remplir nos outres.

Nous rendîmes de grandes actions de grâces à Celui
qui a semé cette plante dans le désert.

Baromètre floral. — Les paysans du Languedoc
et de l'Auvergne attachent à la porte de leur chau-
mière la corolle d'une espèce de Carline (1), qui leur
annonce par son sommeil les approches de l'orage, et
par son réveil le retour du beau temps. Mais ce n'est
pas tout ; une fleur leur sert encore tout à la fois, de
thermomètre, d'*almanach* et d'*horloge*. Le traité de
Saussure sur l'hygromètre, ne les éclaire pas mieux
sur les variations de l'atmosphère.

Quel est le naturaliste qui ne reconnaît pas là le
dessein secret de cette admirable Providence qui a tout
fait pour l'homme. L'histoire naturelle devient alors
une science d'enchantements où chaque prodige cache un bienfait, où chaque bienfait décèle la bonté du
Dieu-Créateur de toutes ces merveilles qui vous
éblouissent et nous remplissent d'admiration.

(1) Genre de la famille des Synanthérées Cinarées, qui croît sur les
Pyrénées et sur les montagnes de la Suisse et de l'Italie.

CHAPITRE IX.

LES PLANTES MARINES.

« Dans mon enfance, dit Bernardin de Saint-Pierre (1), j'allais souvent seul sur le bord de la mer m'asseoir dans l'enfoncement d'une falaise blanche comme le lait, au milieu de ses débris décorés de pampres marins de toutes couleurs et frappés des vagues écumantes. Là, comme Chrysès, représenté par Homère, et sans doute comme ce grand poète l'avait éprouvé lui-même, je trouvais de la douceur à me plaindre au soleil de la tyrannie des hommes. Les vents et les flots semblaient prendre part à ma douleur par leurs murmures. Je les voyais venir des extrémités de l'horizon, sillonner la mer azurée, et agiter autour de moi mille guirlandes pélagiennes. Ces lointains, ces bruits confus, ces mouvements perpétuels, plongeaient mon âme dans de douces rêveries. J'admirais ces plantes mobiles, semées par la nature sur la voûte des rochers, et qui bravaient toutes les tempêtes. De pauvres enfants, demi-nus, pleins de gaieté, venaient

(1) Né au Havre le 19 janvier 1737. L'illustre Eustache de Saint-Pierre était un de ses aïeux.

avec des corbeilles y chercher des crabes et des vigneaux. Je les trouvais bien plus heureux que moi avec mes livres de collège qui me coûtaient tant de larmes. »

Michel Montaigne (1) raconte qu'il retira un jour dans son château un semblable enfant qu'il avait trouvé sur le bord de la mer; mais celui-ci préféra bientôt d'y retourner et de chercher sa vie dans la même occupation. Montaigne attribue ce goût au sentiment de la liberté; mais il tient encore à celui des harmonies inexprimables que la nature a répandues sur les rivages de la mer. Là, les solitudes les plus sauvages sont habitées par une foule d'êtres animés, et l'abondance s'y trouve au milieu du plus sublime spectacle de la nature.

Mais si la vue de la mer exalte l'imagination et élève à l'adoration de l'Être tout-puissant notre âme, transportée d'un religieux enthousiasme, que dire du mouvement et de la vie des plantes magnifiques qui en garnissent les contours?

En effet, des prairies et des forêts ravissantes, des vallées et des montagnes, nourrissent une grande variété de plantes, dont chacune choisit sa latitude et son exposition dans des conditions inverses de celles qui sont à la surface de la terre. Plus la mer est profonde, et moins la sonde rapporte de débris végétaux, surtout à quelques milliers de mètres de profondeur; aussi peut-on affirmer presque d'une manière

(1) Célèbre moraliste, né en 1533, au château de Montaigne, en Périgord.

certaine que les plus profonds abîmes sont dépour-
vus de plantes.

Parmi les végétaux marins, les uns étendent leurs
longues branches dans les eaux tranquilles et où nul
soufle ne vient troubler leur immobilité; d'autres
semblent ne pouvoir vivre qu'au sein d'une mer
agitée et se cramponnent avec force aux rochers que
les flots battent avec violence; d'autres enfin se
plaisent dans les courants et aiment à en suivre les
ondulations. Certaines plantes, comme les Joncs, les
Soudes, les Mangliers s'écartent peu des rivages;
leurs tiges et leurs fleurs forment à la surface des
eaux de charmantes oasis où les oiseaux de mer construisent leurs nids, tandis que leurs racines sont toujours immergées et puisent leur nourriture au fond de
l'eau.

Les Soudes, qui bordent nos rivages, peuvent être
regardées comme des plantes marines, car elles sont
souvent inondées par les vagues de l'Océan contre
lesquelles elles ont à lutter. Aussi la nature les a
douées de tiges souples que l'action des eaux ne peut
briser. Il en est de même de leurs feuilles, petites, gla-
bres, charnues, serrées contre les tiges sur lesquelles
les vagues passent sans leur nuire. Les organes de la
fructification eux-mêmes, si nécessaires à la multiplication de l'espèce, ne sont point saillants et sont
renfermés dans un calice épais, à cinq divisions concaves, persistantes sur la graine qu'elles enveloppent.
Elles viennent en grande quantité sur le sable stérile
dont elles fixent la mobilité. Elles forment à la lon-

gue une sorte de digue avec les plantes marines que
la mer rejette à chaque instant sur ses bords. Cette
plante sert de nourriture aux animaux qui en sont très
avides, surtout les moutons. L'homme tire de la
Soude, par incinération, un sel appelé alcali ou soude,
dans le commerce, et qui entre dans la composition
du verre et du savon ; mais cette industrie est bien

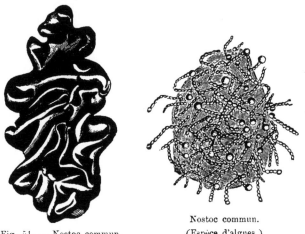

Fig. 51. — Nostoc commun.

Nostoc commun.
(Espèce d'algues.)

tombée depuis que la chimie, par la décomposition du
sel marin (chlorure de sodium), fournit plus de soude
en quelques jours que la nature en produit en une année.

Dans les eaux chaudes et transparentes de l'océan
Pacifique, et même dans la Méditerranée, on voit
des *Mousses* d'une délicatesse infinie, qui s'étalent
en tapis à plus de cent pieds de profondeur, et dont on
peut voir, dans les moments de calme les nuances les
plus admirables.

Sur les pentes des collines, on y voit l'*Ansérine soyeuse;* sa tige cannelée ressemble à des tresses de soie : de là son nom.

De petites *Algues* purpurines teignent la mer comme du sang, quand elles sont en nombre ; tandis que les *Sargasses,* qui vivent dans l'océan Atlantique, donnent l'image de prairies immenses. Ce qu'il y a de curieux, c'est que ces plantes, loin de périr quand on les arrache, vivent des années entières portées sur les flots et continuent à croître, à plusieurs milliers de lieues de l'endroit où elles vivaient.

Dans les mers équatoriales, on trouve l'élégante famille des *Floridées.* Quelques-unes, nuancées de rouge et de jaune, lancent au loin de petites capsules qui éclatent et abandonnent au gré des flots leurs graines nomades.

Les *Laminaires* hygrométriques ressemblent à des reptiles ; ce qui a peut-être donné une certaine créance au fameux *serpent de mer.* Les habitants du Chili font macérer cette plante dans l'eau douce, et obtiennent une gelée transparente, qui forme un aliment sucré qu'ils apprécient beaucoup.

On peut signaler encore les *Ulves,* dont quelques espèces se mangent comme *laitues de mer* (fig. 52). On distingue une *Ulve laminaire,* d'une immense longueur, et qu'on a surnommée le *Baudrier de Neptune.* Si, après avoir été trempée dans l'eau douce, on la laisse sécher, elle se couvre bientôt d'une efflorescence de cristaux blancs et sucrés. La plus jolie espèce des *Ulves* est une *Paludine,* dont la feuille, s'élargissant dès la base, forme un élégant éventail qui imite, par ses zones tachetées, les yeux de la queue du paon.

Leurs variétés. — Comme dans les plantes terrestres; les formes des plantes marines sont très variées.

Fig. 52. — Ulve intestinale.   Fig. 53. — Ulve.
(*Laminaria saccharina*).

Il y en a en arbrisseaux, en feuilles de laitue, en longues lanières, en cordelettes unies; d'autres ont des nœuds comme des disciplines; d'autres chargées de siliques, de digitations, de chevelures; d'autres, en grappes de raisin; d'autres ont des racines qu'elles collent aux corps les plus unis, à des galets, etc. Il y en a

qui s'élèvent à la surface des flots au moyen de petites vessies pleines d'air ; d'autres ont de larges
feuilles en éventail, criblées de trous, à travers lesquels l'eau passe comme par un tamis; il en est qui
vivent sur la croûte des coquilles, comme des poils
follets, etc., etc.

Leurs dimensions. — Quelques plantes marines
atteignent des dimensions considérables, comme nous
l'avons vu plus haut pour
le *Fucus* gigantesque. Le
Chorda filum parvient à
une longueur de 10 à 15
mètres. Les habitants de
la haute Écosse font sé-
cher cette plante et la
tordent pour fabriquer
leurs filets. Dans l'hémis-
phère austral, le *Lessonia
fuscescens* a un tronc
d'un décimètre d'épais-
seur et une hauteur de 8 à 10 mètres (fig. 54).

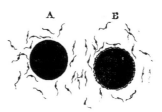

Fig. 54. — *Fucus vesiculosus.*
Fécondation.
A. spore dont s'approchent
les anthérozoïdes.
R. spore sur laquelle se sont fixées
les anthérozoïdes.
(M. Thuret.)

Mais le plus remarquable de ces végétaux est sans
contredit le *Fucus giganteus*, qui remonte à la surface des eaux de plus de cent mètres de profondeur.
Ses gerbes colossales forment des écueils redoutés
des navigateurs : en effet, sous l'Équateur où le vent
est faible et la mer calme, les vaisseaux sont souvent arrêtés par ces îles flottantes et obligés de mettre en panne et d'attendre, quelquefois des mois entiers, qu'une forte brise les dégage. Ces réseaux

serrés servent de refuge aux tortues et aux goëlands
qui y viennent dormir au soleil (fig. 55).

Ces algues qui tapissent les rochers stériles donnent la vie aux rivages, au sein d'une nature inani-
mée. Elles sont un indice certain que la terre n'est
pas éloignée quand le navigateur se trouve perdu au

Fig. 55. — Varech vésiculeux (*Fucus vesiculosus*).
F. fronde; T. Tubercule fructifère; V. vésicule aérienne.

sein de l'immense Océan. Qui ne sait que Christophe
Colomb sentit son espoir se ranimer, quand, quelques
jours avant de découvrir les premières îles de l'Amérique, il aperçut ces végétaux qui flottaient en grand
nombre sur la mer, en compagnie des Sargasses, que
le grand navigateur compare à de vastes prairies
inondées. De Humboldt a décrit deux de ces énormes bancs au milieu de l'océan Atlantique.

Qui n'admirerait ici la puissance infinie de Celui qui

a creusé les bassins des vastes mers qu'il a peuplés de
ces richesses créées pour les besoins de l'homme, et
devant qui l'immense Océan ne pèse pas plus que la
plus petite goutte d'eau !

Disons donc avec l'il-
lustre botaniste Emm.
Le Maout :

« N'allez pas sur le
quai d'un port de mer
voir quelques Algues
marines, quelques Va-
rechs fangeux et mutilés,
que le reflux a laissés sur
la vase ; poussez hardi-
ment votre excursion jus-
qu'aux récifs les plus
avancés de la côte, que
la mer ne quitte jamais :
c'est là que sont fixés les
crampons vigoureux des
Algues ; c'est au pied de
ces granits primitifs, battus d'un flot éternel, que

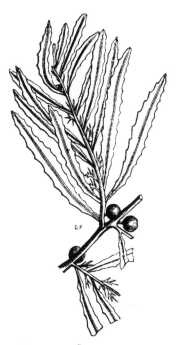

Fig. 56. — *Sargassum commune.*

se sont succédé leurs générations, depuis les premiers
âges du globe. Allez donc en Bretagne; allez visiter
cette terre, si longtemps ignorée des artistes et qu'ils
ont aimée dès qu'ils l'ont connue. Si votre âme s'élève
à la vue des grandes scènes de la nature, préférez pour
quelques instants à votre rivière toujours tranquille, à
vos plaines sans accident, à vos monotones rideaux de

peupliers, préférez la tempête sonore, les âpres rochers
et les aspects sauvages de l'Océan breton. Du haut des
promontoires escarpés de nos *Côtes-du-Nord,* vous
pourrez contempler au-dessous de vous le précipice
effrayant, dont le fond est un lit de galets, que la mer
vient battre deux fois par jour. Si vous y arrivez à
l'heure du flux, vous verrez au loin s'avancer vers vous
d'immenses nappes d'eau, qui se développeront paisi-
blement sur la plage déserte, comme l'avant-garde
d'une armée envahit sans résistance un pays abandonné
par ses habitants ; mais bientôt la mer, rencontrant la
pente raide de la falaise, s'irritera contre l'obstacle qui
l'arrête ; le bruit de sa colère mugissante remplira
votre cœur de trouble et de plaisir ; vous la verrez, à
chaque flot, gagner du terrain, puis reculer en ramenant avec elle des milliers de cailloux, qu'elle rejettera
ensuite plus loin avec fureur. Alors les froides théories
des savants disparaîtront devant la poésie de ce tableau ;
et les lois de l'*attraction*, *qui agit en raison inverse
du carré des distances,* s'effaceront de votre mémoire ;
alors la mer ne sera plus pour vous une masse d'eau
salée, que la lune et le soleil attirent : ce sera l'Océan,
animé et intelligent, qui exécute avec fidélité le pacte
d'obéissance arrêté par le Créateur et lui...

« Puis quand vous serez familiarisé avec les émotions régulières du drame sublime qui s'exécute sous
vos yeux, un vif désir d'y prendre part viendra peut-
être s'emparer de votre âme ; vous voudrez voir de
près cet élément terrible et mettre en rapport votre
petitesse avec son immensité ; vous descendrez le pro-

montoire, en suivant les détours de l'étroit sentier qui conduit à la grève; là, vous vous ferez un jeu de poursuivre la vague qui recule, et de la fuir à votre tour quand elle revient plus menaçante; vous serez fier d'être placé entre une montagne à pic et l'Océan qui gronde; et, comme le grand prêtre d'Homère, *vous marcherez silencieux le long du rivage retentis-sant.* »

CHAPITRE IX.

PRINCIPALES PLANTES MÉDICINALES USUELLES.

Plantes poisons ou dangereuses. — Hygiène pratique. —
Le Coquelicot.

« Dieu a fait connaître aux hommes la vertu des Plantes; c'est le Très-Haut qui a produit de la terre tout ce qui guérit; et l'homme sage le recherchera.

« Dieu a fait connaître aux hommes la vertu des Plantes; le Très-Haut leur en a donné la science, afin qu'ils l'honorassent dans ses merveilles.

« Il s'en sert pour apaiser leurs douleurs et pour les guérir. Ceux qui en ont l'art (les médecins) en font des compositions agréables et des onctions qui rendent la santé *aux malades;* et ils diversifient leurs confections en mille manières. » (Eccl. XXXVIII, 4, etc.)

« Honorez le médecin, à cause de la nécessité, parce que c'est le Très-Haut qui l'a créé : car toute médecine vient de Dieu. La science du médecin l'élévera en honneur. » (*Ibid.,* 1, etc.)

On appelle Plantes médicinales celles qui sont employées en médecine et qu'on trouve presque partout, dans la campagne et dans nos jardins.

Citons les plus connues et les plus usités.

Le *Pavot somnifère :* c'est l'une des plantes les plus précieuses que nous connaissions, car c'est de lui que l'on extrait *l'opium.*

Tout le monde sait que l'opium est le suc concrété que l'on obtient en faisant des incisions superficielles aux capsules du Pavot avant leur maturité, ou bien par expression, ou par ébullition.

L'opium du commerce vient de l'Asie Mineure, de l'Égypte, de la Perse et de l'Inde.

L'opium du commerce est de couleur brune, sec et brillant dans sa cassure, du moins lorsqu'il est de bonne qualité. Son odeur est forte et vireuse ; sa saveur est amère et nauséabonde. Il se dissout dans l'eau, en laissant un résidu formé des matières étrangères dont il était mêlé ; il se ramollit par la chaleur, et sur des charbons ardents il brûle avec flamme.

C'est un des agents thérapeutiques les plus importants, à cause de son action puissante sur le système nerveux. A faible dose, il agit comme calmant, sédatif et soporifique ; à dose plus forte, il détermine un état de stupeur profonde, ou bien il surexcite les diverses fonctions et amène une sorte de délire ; enfin, en quantité plus forte encore, il détermine la mort.

Cependant l'habitude maîtrise facilement cette action violente ; les Orientaux en consomment des quantités considérables sans être incommodés. Les Chinois et les peuples de l'Inde le fument au lieu de

le mâcher, mais après lui avoir fait subir diverses préparations qui lui font perdre ses propriétés narcotiques et son âcreté. L'opium ne produit plus alors que
cet état de langueur et de somnolence voluptueuse si
bien en harmonie avec le caractère de ces peuples.
Les Arabes l'appellent *Abou-el-Noun*, le père du sommeil. Quand ils veulent s'exciter au combat, ils en
prennent une plus grande quantité à la fois ; mais il
produit souvent l'abrutissement et une ivresse furieuse.

La *Molène* ou *Bouillon blanc,* très commune ; la
Mauve, la *Guimauve,* les *fleurs de Violette* (1).

On en fait une tisane adoucissante, surtout contre
la toux.

La *Bourrache* est sudorifique ; elle contient du nitre
ou salpêtre, ainsi que la *Pariétaire* qui tapisse les
vieux murs et sert contre la gravelle.

Parmi les plantes sudorifiques, il faut citer surtout
la *fleur du Sureau,* aussi que les *fleurs du Tilleul,*
qui sont également calmantes.

La *fleur de Pêcher* est prescrite pour purger et faire
vomir les enfants.

Tout le monde connaît comme un excellent purgatif
qui ne fatigue pas, *l'huile de Ricin,* qu'on extrait de
ses graines.

Dans les prés, on trouve le *Narcisse,* plante bulbeuse, dont les fleurs desséchées s'emploient comme
vomitif.

(1) La racine de violette en décoction est excellente pour purger et
faire vomir.

Qui n'a utilisé la *Moutarde noire* comme sinapisme, parce qu'elle irrite et fait rougir la peau. Les *Rigolots* n'ont pas d'autre base.

Contre le scorbut, on utilise le *Cochléaria* ou herbe aux cuillers, nommé aussi *Crausson;* la *Cardamine* ou cresson élégant, et Passerage sauvage ou cresson des prés. Leur suc est stimulant.

Comme tonique, on utilise la **Gentiane,** dont l'amertume est très franche ; la petite *Centaurée* ou **Chironée,** herbe contre la fièvre ; la *Chicorée sauvage;* le *Pissenlit,* appelé aussi *Florion d'or* et *Dent de Lion.* L'infusion de chacune de ces plantes donne du *ton* aux fonctions et les rend plus énergiques.

La *Fumeterre,* nommée aussi *fiel de terre, pied de Géline,* dont l'amertume a un goût spécial. Elles sert dans les maladies scrofuleuses (humeurs froides), et contre les dartres et dans les maladies de foie ; elle fait aussi disparaître les croûtes de lait et les vers.

Les fleurs de la vraie *Camomille,* fortes et aromatiques, infusées, contiennent une essence stimulante et excitante et un principe amer, qui est tonique. Il ne faut pas la confondre avec la camomille puante, appelée *Maroute, Bouillot, Amouroche,* d'une odeur désagréable.

L'*Absinthe,* amère et aromatique, est employée comme vermifuge, c'est-à-dire pour tuer les vers des intestins. Malheureusement sa liqueur est trop employée pour *tuer le ver,* et pousse à la folie.

Contre le ver solitaire, on emploie avec succès la racine ou *rhizome* de la *Fougère mâle.*

Comme *stimulants* fort répandus, on se sert de la *Menthe*, du *Romarin*, de la *Lavande*, de la *Mélisse* ou *Mélisse-Citronelle*, appelée aussi *Citronade, Pouchirade, Piment de ruches*. L'eau de mélisse, si connue, n'a pas d'autre base. — Toutes ces plantes odorantes et stimulantes font partie de la famille des *Labiées* (lèvres), ainsi appelées parce que le calice se partage et s'ouvre comme deux lèvres.

L'infusion des fleurs du *Chardon Bénit*, est utile contre les fièvres; c'est un fébrifuge, comme la Gentiane et la petite Centaurée.

Méfiez-vous de la *Digitale*, jolie fleur de nos jardins, qui ont la forme d'un doigt et qui agissent spécialement sur les nerfs. Ses noms vulgaires sont : doigtier, gaudis, gant de Notre-Dame; elle ralentit les battements du cœur.

Au contraire, la *Valériane* ou herbe Saint-George, herbe aux chats, calme les irritations nerveuses.

La *Morelle*, ou crève-chien, raisin de loup, porte de petite baies qui, mûres, sont rouges et noires. C'est une plante *narcotique*, c'est-à-dire qui engourdit et provoque le sommeil.

Également légèrement narcotiques, les capsules du Coquelicot; mais bien moins que les capsules du Pavot, qui fournissent l'opium, cet énergique narcotique.

Toutes les plantes narcotiques sont trop dangereuses pour ne pas être employées avec les plus grandes précautions.

La Moutarde est un stimulant des organes digestifs. Son nom lui vient du latin *Mustum ardens* (moût ardent). Le pape Clément VII l'aimait beaucoup, et l'importance acquise par le personnage chargé de la préparer a donné lieu au dicton : *Se croire le premier moutardier du pape.*

PLANTES POISONS OU DANGEREUSES.

Nous appelons *plantes dangereuses* toutes celles qu'il ne faut pas manier ou goûter sans nécessité, non seulement les feuilles, les fleurs, les fruits, les graines et même les racines. Il n'y a pas d'année où on n'entende dire qu'un enfant ou une grande personne est morte pour avoir goûté à quelqu'une de ces plantes qui contiennent du poison.

Je vous signale d'abord une plante que vous avez sans doute remarquée dans les prairies ; ses jolies fleurs de couleur lilas apparaissent en automne : c'est la Colchique d'automne, vulgairement appelée *Safran des prés, Vieillotte, Chenarde, Mort-Chien, Tue-Chien.* Contentez-vous de l'admirer, mais n'y touchez pas. C'est une plante bulbeuse qui appartient à la famille des Colchicacées ou Mélanthacées.

Voici une autre plante de la même famille qui ne vaut guère mieux, l'*Ellébore blanc* qu'on croit être celui des anciens. On l'appelle communément *Véraire* ou *Varaire, Vératre blanc, Vraire,* et elle vit dans les pâturages élevés des pays montagneux ; ses bouquets

de fleurs d'un blanc verdâtre la font facilement reconnaître.

L'*Arum* (ou Pied-de-Veau, Vaguette, Langue de
bœuf, herbe à pain, herbe dragone) contient un suc
laiteux âcre et d'une saveur brûlante.

Le *Concombre* sauvage ou *Momordique,* vulgairement *Gélante, Concombre d'âne, Prune de Merveille,*
croît spontanément, surtout dans le Midi ; mais on le
cultive aussi dans les jardins. Il faut prémunir les enfants qui aiment à jouer avec ses fruits mûrs qui se détachent facilement ; et, en se resserrant subitement,
font jaillir un liquide gélatineux avec les graines. Son
suc amer annonce qu'il faut le rejeter promptement. —
Il fait partie de la famille des Cucurbitacées.

Une plante avec laquelle il ne faut pas plaisanter,
c'est l'*Euphorbe épurgé*, appelée encore *Euphorbe Ca-
tapuce, Euphorbe lathyrienne, Tithymale épurge;* elle
est commune sur la lisière des routes, dans les terrains sablonneux et même dans les bois. Cette plante,
de la famille des Euphorbiacées, a une tige lisse, d'un
vert rougeâtre, terminée en *ombelle*, des feuilles bleuâ-
tres très étroites. Ses petites fleurs d'un jaune verdâtre se tiennent à la bifurcation des rameaux, en juin
et juillet. Les moutons crèveraient plutôt de faim que
d'y toucher.

Maintenant, on trouve sur les toits, les décombres,
les vieux murs, une *jolie* plante dite *Petite Joubarbe,*
Sédon âcre, Orpin brûlant, Poivre de murailles, Pain
d'Oiseau, Herbe Saint-Jean, dont le vrai nom est *Ver-*
miculaire. Ses tiges, à demi-rampantes, sont longues

de 5 à 10 centimètres et portent des feuilles courtes, épaisses, charnues, avec des sortes d'épis de fleurs étoilées d'un jaune vif. Évitez avec soin cette plante, car ses feuilles contiennent un suc âcre et dangereux, comme son nom *Orpin brûlant* l'indique. Famille des Crassulacées.

Dans la famille des *Daphnés* on trouve le *Mézeréon*, la *Lauréole*, le *Garou*, dont les feuilles fraîches, les fruits, un simple fragment d'écorce même légèrement mâchés, brûlent la bouche et la gorge.

Vous connaissez tous le *Bouton d'or* ou *Renoncule âcre*, si commun, surtout dans les prairies; son suc et surtout ses racines contiennent un suc très âcre et très dangereux. Ses noms vulgaires sont : *Jauneau, Clair-Bassin, Herbe à la tache, Patte de Loup, Codron, Grenouillette, Renoncule des prés.* Toute cette famille des *Renonculacées* est dangereuse. Rangeons dans la même catégorie l'*Anémone*, ou *Pulsatille noirâtre, Bassinet, Sylvie;* puis la *Pulsatille*, vulgairement *Coquelourde, Herbe au Vent, Fleur de Pâques, Teigne-Œuf, Passe-fleur, Fleur aux dames.*

Méfiez-vous également du *Pied d'alouette*, qu'on nomme aussi *Consoude, Herbe au Cardinal, Dauphinelle des blés.*

Évitez aussi la *Staphysaigre*, ou *Herbe aux Poux* et que les herboristes nomment *Graine de Capucin.* Ses graines sont petites, courbées et anguleuses.

L'*Actée* ou *Herbe de Saint-Christophe, faux Ellébore noir*, et *Herbe aux Poux.*

L'*Ancolie*, cultivée dans nos jardins sous les noms

de *Colombiac, Gant de Notre-Dame, Aiglantine*, croît dans les bois montueux. La culture a rendu doubles ses jolies fleurs bleues qui ont pris des couleurs rouges, roses, bleues, blanches et panachées.

La *Clématite*, appelée *Cranquillier, Aubervigue, Berceau de la Vierge, Viorne, Vigne blanche, Herbe aux Gueux*, fait l'ornement de nos tonnelles et pousse rapidement. En automne, elle prend de belles teintes empourprées, mais il faut bien se garder de goûter à ses feuilles ou à ses fruits petits et à longues aigrettes soyeuses. Appliquées sur la peau, ses feuilles et son écorce broyées produisent un ulcère.

Redoutez l'*Aconit napel*, dont la racine ressemble à un petit navet. Cette plante scélérate a empoisonné bien des personnes. Elle porte des noms différents, suivant les localités, elle s'appelle : *Coqueluchon Capuchon, Capuce de moine, Napel, Thore, Madrielet, Pistolet, Tue-Loup.*

Ne mangez pas de *Champignons,* sans les bien connaître, surtout ceux qui ont une odeur désagréable, une chair mollasse ou très dure ; les plus vénéneux ont des couleurs vives et des mouchetures.

Vous pouvez manger en toute sécurité les champignons comestibles dont nous donnons ici la figure, page 261. Défiez-vous toujours des autres.

Une redoutable famille est celle des *Solanées*. En font partie : la *Bryone,* dont les fruits mûrs sont rouges et gros comme des pois ; elle s'accroche aux haies au moyen de ses longues *vrilles.* On l'appelle vulgairement *Vigne blanche, Racine Vierge, Vigne du Diable,*

Colubrine, Couleuvrée, Feu ardent, Navet du Diable.

De juin à septembre, apparaît la *Morelle douce amère*, plus communément appelée *Vigne de Judée, Vigne sauvage, Morelle grimpante, Crève-Chien, Loque, Herbe à la fièvre*. Ses fleurs sont violettes ou blanches et donnent de petites baies rouges, arrondies, accompagnées du calice de la fleur.

Évitez la *Stramoine,* dont les noms populaires sont : *Herbe aux Sorciers, Chasse-Taupe, Endormie, Herbe du Diable, Pommette* et surtout *Pomme épineuse*. Son odeur est vireuse et pénétrante.

La *Jusquiame* ou *Hannebane,* dite *Herbe à la teigne, Herbe aux engelures, Potelée, Porcelet, Mort aux poules,* est à redouter.

La *Belladone,* qu'on appelle *Belle-Dame, Morelle furieuse, Guigne de Côte, Parmenton,* donne des baies grosses comme une cerise, qui de vertes, deviennent rouges et enfin noires. Que d'empoisonnements par cette plante !

La *Ciguë,* terrible poison que Socrate fut condamné à boire, ressemble beaucoup au Persil. Faites attention à leur différence et apprenez à les distinguer facilement. Dans le Persil, les folioles sont larges, à trois lobes, en forme de coin. Dans la Ciguë, les folioles plus larges, sont incisées en dents aiguës ; elles forment des *Ombelles* de fleurs blanches serrées les unes contre les autres.

Voici une manière facile de les distinguer.

La Ciguë, froissée dans les mains, répandra une odeur *vireuse* et désagréable, avec un suc jaune ; le

Persil, au contraire, donnera une odeur agréable et co-
lorera les mains en vert.

Fig. 57. — Mérulle. Fig. 58. — Bolet comestible.

Fig. 59. — Chanterelle comestible. Fig. 60. — Amanite. Oronge vraie.

Il n'y a que les moutons et les chèvres qui peuvent
en manger impunément.

Le Laurier-Rose (*Nerium Oleander*), passe pour être extrêmement délétère. Il contient dans toutes ses parties un principe vénéneux tellement subtil qu'il peut occasionner les accidents les plus graves et même la mort par ses émanations ; son écorce et ses feuilles ont une odeur désagréable, une saveur âcre et amère.

La médecine sait utiliser ces poisons, à très petites doses, pour guérir certaines maladies qui demandent une médication énergique.

HYGIÈNE PRATIQUE.

(*La Bergamotte.*)

La Bergamotte est le fruit du *Citrus Bergamia,* de la famille des *Aurantiacées* (groupe des Orangers).

L'homme qui contemple la nature, qui l'étudie, est surpris, lorsqu'il découvre une île déserte couverte de forêts, de la trouver hideuse ; tout y pousse sans ordre ; la végétation est étouffée par une végétation mouvante ; la ronce tue la rose ; les plantes parasites enlacent, étreignent les arbres qui ne peuvent ni croître ni grossir. Les graines de certaines plantes, digérées par les oiseaux ne perdent pas de leurs propriétés germinatives ; restituées au sol et au hasard, elles poussent et fleurissent ; le vent disperse au loin une semence nouvelle, souvent sur des terrains qui ne lui sont pas appropriés. Les oiseaux, le vent, aident à la flore ; les insectes, les papillons vont au loin butiner ; à leurs pattes, à leurs antennes, ils rapportent un pollen fécondant qui donne naissance à des hybridations qui ne se propagent pas parce que la main du jardinier n'est pas là pour les protéger, tandis que dans nos vergers tout est rangé avec art, chaque plante dans le sol qui lui convient. C'est un peu au Japonais, qui ont une véritable passion pour les fleurs, que nous devons nos progrès dans l'art d'orner nos jardins.

Dans le midi de la France, en Italie, en Espagne, le Bergamottier est dans sa sphère. C'est pour lui qu'un poète anglais, Tennyson, a dit :

> La fleur parfume la verdure,
> Reporte mon âme et mes sens
> Aux jours où ma vie était pure
> Et tous mes plaisirs innocents!

Le *Citrus Bergamia* est une variété à rameaux épineux du *Limettier :* son feuillage est étouffé, à pétioles ailés, les vésicules du fruit qui couvrent l'écorce sont concaves, la pulpe est pleine de jus acide et amer. Autrefois, avec cette écorce, on faisait des bières d'une odeur agréable.

Les anciens philosophes nous ont laissé des idées bizarres sur l'action de certains fruits : Porte et Cardan sont de ce nombre. Ce dernier a écrit : *Similia similibus egregie juvantur,* les semblables sont admirablement aidés par leurs semblables. Voici un exemple de cette aberration. Il dit : « Le citron, la bergamotte ou tout autre fruit qui n'a pas la configuration du cœur de l'homme, a un suc qui, mêlé au suc d'une autre plante, suscitera des aspirations généreuses, cordiales et sympathiques. »

Voici une statistique de ce que Nice obtient d'essence de la bergamotte : il faut trois à quatre mille bergamottes, selon la saison, pour produire un kilogramme d'essence. Les fruits verts rendent plus que les fruits mûrs.

La fabrication totale des essences en Sicile et en Calabre est, en moyenne, tous les ans de 100,000 kilogrammes, y compris ce qu'on obtient des oranges et des citrons.

L'essence de bergamotte est plus suave que celle du citron ; sa densité est 0,880 ; elle s'altère promptement.

L'éléphant aime beaucoup le parfum du bergamottier. Lorsqu'il en trouve à sa portée, il ne manque jamais d'en cueillir une branche ; il la sent longtemps, puis il la mange.

Il est fâcheux qu'on ne puisse pas lire dans la pensée de ce pachyderme, car Montaigne prétend que les parfums agissent en bien sur notre caractère, nous disposent à l'indulgence, à la réconciliation.

Les dames romaines aimaient aussi beaucoup les parfums, et on dit aussi qu'elles avaient la bizarre coutume de se teindre les cheveux en bleu et de les lisser avec des essences.

Toutes les parties de la bergamotte peuvent être employées. On peut lui appliquer cette strophe d'Anacréon :

Cette fleur sait guérir plus d'une maladie,
Elle embaume les morts, elle résiste au temps.
Elle ne vieillit pas, et sa feuille jaunie
Conserve en son hiver l'odeur de son printemps.

Pour conserver tous les fruits au delà du temps que comporte leur nature, voici un procédé très simple, à la portée de toute famille :

Choisissez des fruits bien sains, qui n'aient pas reçu de coups et peu mûrs;

Faites fondre au bain-marie de la cire à cacheter dans l'alcool (esprit de vin), plongez-y l'extrémité de la tige à laquelle est attaché le fruit; placez ensuite dans un lieu à l'abri de l'humidité. Ce vernis a la propriété de boucher les vaisseaux qui communiquent jusque dans le fruit, et de retarder la perte de l'eau de végétation. Il serait encore préférable de les mettre dans un placard qui ferme bien.

On peut conserver ainsi très longtemps des oranges, des citrons, des bergamottes, et presque tous nos fruits.

En Chine, on conserve les fruits dans la glace et on ne les en retire qu'au moment de les servir. C'est de ce pays que nous vient l'idée d'employer la glace pour le transport de la viande au delà des mers.

LE COQUELICOT.

(Famille des Papavéracées.)

Cette plante si commune se nomme encore pavot rouge, pavot ponceau, pavot sauvage. C'est une plante annuelle.

Bernardin de Saint-Pierre a écrit :

« Le coquelicot éblouissant, le bluet azuré, la nielle

pourprée, le liseron couleur de chair, relèvent de l'éclat de leurs fleurs l'aimable verdure des guérets. »

Le coquelicot a une racine moins grosse que celle de ses congénères ; elle est fibreuse et amère au goût ; elle pousse des tiges en assez grand nombre, hérissées de poils, droites et fermes ; les feuilles sont découpées çà et là, comme celles de la chicorée, dentées, velues, et d'un vert brun ; le calice est formé de deux sépales ; la corolle est composée de quatre grands pétales, renfermant de nombreuses étamines, et un *ovaire* qui, plus tard, devient une capsule à nombreux comparti- ments, surmontée d'une espèce de collerette. Cette capsule, à l'état vert, incisée, donne un suc laiteux, qui se concrète à la manière de l'opium ; cependant l'analyse chimique n'y a, jusqu'à présent, fait décou- vrir aucune trace de morphine.

Le Coquelicot croît partout dans les champs dont la terre a été fraîchement remuée.

Selon Michaud, il lève sa tête d'une manière altière. Dorat, au contraire, pense qu'il représente l'ennui.

Quel charmant coup d'œil qu'une prairie émaillée de fleurs ! quel charmant contraste de trouver, dans un champ de lin, le coquelicot en fleur à côté du bluet ! C'est là qu'on devient songeur en face des merveilles du Créateur et que le poète aime à révéler ses impres- sions, le peintre ce qu'il ressent.

Chez les anciens, le Coquelicot était consacré à Cérès, déesse des moissons ; les prêtresses le faisaient entrer dans leurs couronnes, lorsqu'elles allaient im- plorer sa protection.

La fleur du Coquelicot est principalement employée en médecine depuis la plus haute antiquité. A l'état frais, cette fleur exhale une odeur d'opium ; desséchée, infusée dans l'eau, elle agit comme adoucissante pour faciliter l'expectoration dans le rhume et la toux ; c'est un béchique (1) qui entre dans les fleurs pectorales dites *quatre fleurs.*

Chomel, dans son *Traité des plantes usuelles,* assure que c'est un *sudorifique* plus efficace que le sang de bouquetin. La tête de ce pavot est légèrement somnifère. Geofroy, dans sa *Matière médicale,* en 1768, rapporte les dangereux effets de la semence mangée par les moutons.

Le Coquelicot ou le Pavot est l'un des attributs de Morphée, parce que c'était avec cette plante qu'il touchait ceux qu'il voulait endormir. Le Pavot était le symbole de la fécondité. Jupiter en fit manger à Cérès pour lui procurer du sommeil et quelque trêve à sa douleur, dans le temps qu'elle pleurait l'enlèvement de Proserpine.

On prépare avec les fleurs de coquelicot un extrait, une teinture, un sirop. L'extrait entre dans les pilules magistrales, la teinture est employée à colorer certains liquides ; voici la préparation du sirop :

Fleurs sèches de coquelicot. . . . . .   100 gr.

Versez dessus dix fois leur poids d'eau bouillante ; après six heures d'infusion, passez, avec forte expres-

(1) De Βήχ, toux, remède contre la toux.

sion, à travers un linge, laissez déposer la liqueur, dé-
cantez-la, ajoutez-y 100 gr. de sucre pour 100 de cola-
ture, et faites un sirop par simple solution; ce sirop
entre dans les potions.

L'une des formules les plus heureuses est celle du
sirop antiphlogistique de Briant, qui se fait avec des
fleurs de coquelicot et avec de la gomme arabique de
premier choix.

CHAPITRE XI.

Traitement des maladies de la vigne et des arbres fruitiers.

En Europe et dans les climats tempérés de l'un et l'autre continent, le pain, la viande, le lait, les œufs, les légumes et les fruits sont les *aliments* de l'homme; le vin, le cidre et la bière, sa *boisson*.

Dans les climats chauds, les fruits des Palmiers suppléent au défaut de tous les autres fruits, et le *Sagou* sert de pain et est d'un usage commun dans les Indes méridionales, à Sumatra, à Malacca, etc.

On mange beaucoup de *Dattes,* en Égypte, en Mauritanie, en Perse.

Les *Figues* sont l'aliment le plus commun en Grèce, en Morée et dans les îles de l'Archipel, comme les châtaignes dans quelques provinces de France et d'Italie.

Le *Riz* fait la principale nourriture d'une grande

partie de l'Asie, en Perse, en Arabie, en Égypte et même en Chine.

Le grand et le petit *Millet* font la nourriture des nègres dans les parties les plus chaudes de l'Afrique.

Le *Maïs*, dans les contrées tempérées de l'Amérique ;

L'*Arbre à pain*, dans les îles de la mer du Sud ;

Dans la Californie, le fruit appelé Pitahaïa.

La Cassave, les Pommes de terre, les Ignames et les Patates, dans toute l'Amérique méridionale.

Dans les pays du Nord, la Bistorte, surtout chez les Samoièdes et les Jakutes.

La Sarane, au Kamtschatka.

En Islande et dans les pays encore plus voisins du Nord, on fait bouillir des mousses et du varech.

Les nègres mangent volontiers de l'éléphant et des chiens.

Les Tartares de l'Asie et les Patagons de l'Amérique vivent également de la chair de leurs chevaux.

Tous les peuples voisins des mers du Nord mangent la chair des phoques, des morses et des ours.

Les Africains mangent aussi la chair des panthères et des lions.

Dans tous les pays chauds de l'un et de l'autre continent, on mange presque toutes les espèces de singes.

Tous les habitants des côtes de la mer, mangent plus de poisson que de chair ; les habitants des îles Orcades, les Islandais, les Lapons, les Groënlandais, ne vivent, pour ainsi dire, que de poisson.

Le lait sert de boisson à quantité de peuples; les femmes tartares ne boivent que du lait de jument; le petit lait tiré du lait de vache est la boisson ordinaire en Islande.

Et ainsi de suite.

Traitement des maladies des plantes :

Partout il est nécessaire de combattre énergiquement les maladies cryptogamiques ou des champignons cachés.

Oïdium et *Mildiou* sur la vigne; et *Blanc* sur les arbres fruitiers; rosiers, *etc.*

On sait combien sont excellents les résultats obtenus par l'emploi des sels de cuivre pour combattre les maladies des plantes occasionnées par des champignons inférieurs. Partout où l'on a à redouter l'apparition de ces maladies, il faut sans hésiter appliquer le remède suivant, peu coûteux et des plus faciles à employer. Il consiste à asperger les plantes avec de l'eau dans laquelle on a fait dissoudre du sulfate de cuivre (couperose bleue du commerce) dans la proportion de 2 à 3 kilogr. par hectolitre (100 l.) d'eau (ou 20 à 30 gr. par litre), additionnée d'un lait de chaux obtenu en délayant 1 kilog. et demi de chaux vive dans 7 à 8 litres d'eau. Il en résulte un liquide d'une belle couleur bleue, bien connue des viticulteurs sous le nom de *Bouillie bordelaise.*

Plusieurs traitements sont souvent nécessaires. Pour la vigne, on en fait un habituellement avant la floraison; les autres suivent à un mois d'intervalle.

Il est de *la plus haute importance* de ne pas mettre une dose trop forte de sulfate de cuivre et de se livrer préalablement à des essais pour s'assurer que la liqueur n'est pas trop concentrée et ne brûle pas les plantes sur lesquelles on se propose de l'appliquer.

Pour la plupart des plantes, cinq à six gouttes d'acide phénique par litre d'eau suffisent.

CHAPITRE XII.

LE BLÉ, L'AVOINE, LA POMME DE TERRE, L'ARBRE A PAIN, THÉ, CAFÉIER, LA VIGNE, LE VIN.

LE BLÉ.

O savants orgueilleux et qui ne croyez qu'à la matière, voici un grain de blé! Votre science a analysé ce grain de blé; vous savez tout ce qu'il renferme, et pourtant à propos de ce grain de blé, je dirai ce que disait La Bruyère :

« O princes de ce monde, vous avez des armées, des arsenaux; des milliers d'hommes obéissent à un souffle de vos lèvres; nous autres, simples hommes, nous creusons péniblement la terre, et nous avons besoin d'eau pour faire fructifier nos sueurs! O princes, potentats, majestés, faites pleuvoir, faites une goutte d'eau! Et moi, je dis : Nous autres simples hommes, qui creusons péniblement la terre, et qui avons contre nous la grêle, le soleil, la pluie, les vents, nous avons besoin de blé : ô princes de la science potentats de l'analyse, majestés des académies, *faites un grain de blé!* Vous ne le pouvez pas; et pourquoi? Car enfin vous avez décomposé ce grain de blé, vous savez tout ce qu'il contient; oui, tout, excepté ce qui constitue un germe, excepté la *force,* parce qu'on ne voit une force que par ses effets; excepté la force qui fait le germe. »

Or, la germination du blé, comme celle de toute plante, nous présente une force qui me paraît frappante, pour prouver un dessein dans les ouvrages de celui qui, comme dit le Psalmiste : « Fait germer pour les troupeaux l'herbe de la prairie, les moissons pour l'homme. (Ps. CIII, 14.)

Voyons maintenant comment le blé se développe en terre.

Dans quelque position que soit placé le blé dans le sillon, un bourgeon vert apparaît à l'une de ses extrémités, et en même temps des fibres déliées poussent à l'autre extrémité ; mais pourquoi un *bourgeon* ou des *fibres* ne poussent-ils pas indifféremment à ses deux extrémités? N'est-ce pas la preuve que c'est à dessein et pour atteindre les usages auxquels la plante est destinée.

Comme nous l'avons vu plus haut, la *plumule* ou le *bourgeon,* qui doit devenir la plante, monte pour chercher la lumière, et les *fibres,* qui deviennent des racines, s'enfoncent au contraire dans le sol pour fixer le végétal et le nourrir en même temps. Mais ce qui est à remarquer c'est que, quelle que soit la position du blé en terre, le bourgeon qui était en bas, je suppose, se

relève et fait un crochet pour se redresser et arriver à
la lumière, tandis que les fibres font un crochet en sens
inverse pour redescendre. On dira que cela arrive toujours ; très bien, mais cela ne m'explique pas pourquoi
la plumule monte toujours à la lumière et pourquoi les
fibres se dirigent toujours vers la terre pour chercher
l'humidité dont elles ont besoin pour se développer.
Qui stimule ces deux parties vers le but à atteindre ?
Qui a disposé ces lois pour l'atteindre et dispenser le
laboureur de tourner chaque grain dans la direction
nécessaire ? Mystère ! ou plutôt volonté du Créateur.

Entrons dans le détail avec l'auteur des *Leçons de
la Nature :* Vous voyez le blé croître de jour en jour ;
insensiblement, le tendre épi mûrit, et s'apprête à
fournir un pain nourrissant : bénédiction précieuse,
que l'Auteur de la nature accorde au travail de l'homme !
Parcourez des yeux un champ de froment et de seigle,
calculez les millions d'épis qui couvrent sa surface, et
réfléchissez sur la sagesse des lois qui président à cette
végétation. Que de préparatifs sont nécessaires pour
nous procurer l'aliment le plus indispensable ! Combien de changements progressifs devaient avoir lieu
dans la nature avant que l'épi pût élever sa tête !
Dans le temps où la plante commence à végéter,
on voit se former quatre feuilles, et quelquefois
six, qui partent d'autant de nœuds. Elles prépa-
rent le suc nourricier pour l'épi, qui se voit déjà en
petit, quand au printemps, on fend un tuyau par le
milieu ; on peut même dès l'automne, découvrir cet épi

sous la forme d'une petite grappe, lorsque les nœuds sont encore très serrés les uns contre les autres.

Quand le grain a été quelque temps en terre, il pousse une tige qui s'élève perpendiculairement, mais qui ne croît que par degrés, afin de favoriser la maturité du fruit. On voit ensuite paraître l'épi, et la fleur destinée par ses poussières, à féconder le fruit, auquel elle fournit peut-être sa meilleure nourriture. Cette fleur est un petit tuyau blanc, tenu par un fil extrêmement délié, qui sort de la graine, laquelle est elle-même le pistil.

Aux fleurs succèdent des grains, qui contiennent le germe, et qui sont formés longtemps avant que la substance farineuse paraisse. Cette substance se multiplie peu à peu. Le fruit mûrit dès qu'il atteint sa grosseur normale ; alors le tuyau et les épis blanchissent, et la couleur verdâtre des grains devient jaune ou d'un brun obscur. Ces grains cependant sont encore fort mous, et leur farine contient beaucoup d'humidité, mais lorsque le blé est parvenu à son entière maturité, il devient sec et dur. On a vu, par des engrais bien ménagés et une culture bien entendue, un seul grain pousser sept ou huit tiges, dont chacune portait un épi garni de plus de 50 grains. Le nombre de tiges sur un même pied est quelquefois prodigieux ; on en a compté jusqu'à 32 ; et Pline rapporte que Néron en avait reçu un sur lequel on voyait 360 tiges.

Ces faits, trop attestés pour qu'on puisse les révoquer en doute, prouvent qu'au lieu d'un seul germe dans chaque graine, il s'y en trouve réellement plusieurs, dont le plus avancé part le premier et affame les autres ; à moins qu'aux environs il ne rencontre des nourritures en assez grande abondance pour alimenter d'autres germes et les développer : ce qui montre de quelle importance est une culture savante et bien dirigée.

C'est par une raison très sage que la hauteur de la tige est d'un mètre douze à seize centimètres. Cependant ce tronc si élevé n'a, dans sa plus grande épaisseur, que quatre millimètres de diamètre, économie au moyen de laquelle un petit champ peut contenir une multitude d'épis. La hauteur de la tige contribue à la dépuration des sucs nourriciers que la racine envoie ; et sa forme arrondie favorise cette opération, en permettant à la chaleur d'y pénétrer de tous côtés avec la même force. Si le grain eût été logé plus bas, l'humidité l'eût fait germer avant qu'il eût été recueilli ; les oiseaux et d'autres animaux auraient pu le détruire.

Au reste, cette tige si mince et si frêle, a été construite avec un artifice qui la maintient des mois entiers contre les agitations de l'air, sans qu'elle succombe sous le poids de l'épi, ni qu'elle cède au souffle impétueux des vents. Quatre nœuds très forts l'affermissent sans lui ôter de sa souplesse ; et leur structure seule manifeste une grande sagesse. Ils sont remplis de petits pores, où la chaleur du soleil pénètre facilement : elle atténue les sucs qui s'y rassemblent et les épure en les faisant tous passer par cette espèce de crible.

A côté du tuyau principal, on en voit pousser d'autres plus bas, ainsi que des feuilles, qui, ramassant des gouttes de rosée et de pluie, fournissent à la plante les sucs qui lui sont nécessaires. Dans ces entrefaites, le grain, pour qui tout cet échafaudage est dressé, se forme peu à peu. C'est pour préserver ces tendres nourrissons des accidents et des dangers qui pourraient les faire mourir à l'instant de leur naissance, que les deux feuilles supérieures de la tige se joignent et se réunissent; elles garantissent l'épi et lui font parvenir en même temps les sucs dont il a besoin. Mais aussitôt que la tige est assez formée pour que le grain puisse les recevoir d'elle seule, les feuilles se dessèchent peu à peu, afin que rien ne soit ôté au fruit, et que la racine n'ait plus rien d'inutile à nourrir. C'est alors que le petit édifice se montre dans toute sa beauté. L'épi couronné se balance avec grâce; et ses pointes lui servent d'ornement aussi bien que de défense contre les insultes des oiseaux. Rafraîchi par des pluies bénignes, il fleurit au temps marqué, donne les plus belles espérances au laboureur, et de jour en jour devient plus jaune, jusqu'à ce que, succombant sous le poids de ses richesses, sa tête se courbe d'elle-même, et appelle la faucille du moissonneur (voir fig. 8, page 60).

Quelle merveille de sagesse et de puissance dans la structure d'un seul tuyau de blé. Et parce qu'il est journellement sous nos yeux, nous n'y faisons point d'attention! Par quelle preuve de la bonté du Créateur serons-nous donc touchés, si celle-ci nous laisse insensibles! Homme dur et ingrat, ouvre ton âme au doux sentiment de la joie et de la reconnaissance! Si tu peux contempler un champ de blé avec indifférence, tu es indigne de la nourriture qu'il te fournit. Viens apprendre à penser en homme, et à goûter le plus noble plaisir dont un mortel puisse être capable sur la terre : celui de découvrir ton Créateur dans chaque créature. Alors seulement tu t'élèveras au-dessus de la brute, et tu te rapprocheras de la béatitude des êtres glorifiés.

LE PAIN.

C'est pour les hommes, que, chaque année, les champs se parent de verdure et se couvrent d'épis dont le fruit, sous leurs mains, se convertit en leur aliment le plus ordinaire. Parmi ceux que le bienfaisant Créateur nous distribue avec tant de profusion et de libéralité, le pain est en même temps et le plus commun et le plus sain. Il est aussi nécessaire à la table du prince qu'au repas du berger; l'infirme, le convalescent, se sentent restaurés par son usage, aussi bien que l'homme en santé. Sans doute il est particulièrement destiné à la nourriture de l'homme, puisque la plante dont il provient peut se reproduire sous les climats les plus divers, et qu'il est difficile de trouver un pays où le blé ne puisse mûrir.

L'éloge qu'on a fait du pain, dont jamais on ne sent mieux le prix que lorsqu'il vient à nous manquer, prouve assez qu'il est un des grands bienfaits de la nature, et le premier des aliments. Le goût pour le

pain est celui que nous perdons le dernier ; et son retour est le signe le plus assuré de la convalescence.
Il convient en tout temps, à tout âge, et à tous les tempéraments ; il corrige et fait digérer les autres nourritures ; il influe sur nos bonnes ou mauvaises diges-
tions. On peut le manger avec la viande et les autres
mets, sans qu'il en change la saveur. Il est tellement
analogue à notre constitution, que dès notre enfance
nous commençons à montrer pour lui une espèce de
prédilection, et nous ne nous en lassons jamais. Les
mets coûteux et recherchés qu'invente la mollesse ou
l'ostentation cessent de flatter le palais par leur fréquent usage : on finit par s'en dégoûter. Au contraire,
le pain cause toujours un nouveau plaisir ; et le vieil-
lard qui, pendant tant d'années, en fit son aliment, s'en
nourrit encore avec délices, quand pour lui tous les
autres ont perdu leur attrait.

Est-il nécessaire maintenant, ô chrétien ! de te dire
combien il est juste de remonter chaque jour à ton
Créateur en faisant usage du pain, et de le bénir de sa
libéralité ? Choisis parmi ce grand nombre de comestibles ceux que tu préfères aux autres : en est-il un
plus naturel, plus généralement sain, plus nourrissant, plus fortifiant ? L'odeur des aromates est plus
piquante ; mais celle du pain, toute simple qu'elle est,
sert à nous convaincre qu'il contient des parties essentiellement propres à réparer les pertes que nous faisons à chaque instant de notre propre substance.

Je ne serais pas digne de recevoir le pain qui me
nourrit, si j'étais insensible au don que Dieu m'en fait.

Quoi! je ne remercierais pas ce père si bon, si tendre, qui fait sortir le grain de la terre pour me sustenter et me fortifier! Ah! si, durant mon enfance, j'ai reçu la nourriture sans pouvoir élever mon âme vers Celui qui daignait me la préparer, maintenant que je connais cette main bienfaisante, je veux l'en bénir sans cesse.

L'AVOINE.

On peut dire, sans hyperbole, que, de toutes les céréales, l'Avoine est, après le blé, la plus nécessaire à l'agriculture européenne (fig. page 57).

En France, son grain sert principalement à la nourriture du cheval, et, accessoirement, à celle des bestiaux de toute espèce et des animaux de basse-cour. Cependant la farine d'avoine ne se prête pas à la panification : elle donne un pain brun, compact, gluant, lourd et de digestion difficile. Et si les habitants des districts montagneux de l'Écosse en font la base de leur alimentation, c'est qu'ils n'ont malheureusement pas d'autre céréale à se mettre sous la dent.

Pas d'avoine, pas de cheval, dit un vieux dicton : c'est vrai en ce qui concerne les chevaux d'Europe, et surtout le cheval de pur sang. Celui-ci, même, ne vit guère que d'avoine, encore que ses ascendants aient été tous mangeurs d'orge. Les premiers étalons dont les vieilles chroniques saxonnes font mention, furent des chevaux orientaux que les rois et les hauts-barons de l'Angleterre ramenèrent, à l'époque des croisades, dans leurs possessions continentales et insulaires. Une

vieille ballade, dont voici les premiers vers, consacre
le souvenir de ceux qu'introduisit Richard Cœur
de Lion.

> Aucun ne les peut égaler,
> Soit dromadaire ou destrier.
> Chameaux courants, chevaux de More,
> Sont loin d'aller si vite encore.

Mais aussi, du jour où l'on supprime au pur sang son
avoine, pour la remplacer par une alimentation plus
grossière, c'en est fait de lui. Son poil fin et brillant
fait place à une production terne et laineuse, sa superbe
encolure se change en un affaissement qui peint bien
la honte qu'il éprouve lui-même de sa transformation,
et il ne garde de son tempéramment nerveux que juste ce
qu'il faut pour devenir rétif. C'est ainsi que les choses
se sont passées, pendant l'année terrible (1870), dans
toutes les places investies, où se trouvaient des chevaux de pur sang. Dès que l'avoine leur a manqué, ils
sont tombés sur le flanc, pour ne plus se relever;
tandis que les Arabes, les Limousins, les Ardennais,
encore debout, se nourrissaient des feuilles et de l'é-
corce des arbres, et, à défaut de ces dernières ressources, se broutaient mutuellement la crinière et la
queue.

A quoi donc tiennent ces propriétés si remarquables de l'avoine? Nous allons le dire.

Il y a longtemps qu'on sait, en physiologie, que
l'énergie musculaire est produite par la transformation de la chaleur, et que les aliments gras sont ceux
qui fournissent à l'économie la plus grande somme de

calorique. On s'est alors demandé si l'effet stimulant de l'avoine ne provenait pas de la présence des corps gras qui figurent pour une assez grande proportion dans sa composition élémentaire, et l'on a essayé de la remplacer par d'autres céréales plus riches en matières grasses. C'est ainsi qu'on s'est adressé à l'orge, — l'avoine des chevaux de l'Irak-Arabi, du Neddjed, et de l'Yémen, — et au maïs, dont la farine sert à faire cette bouillie qui s'appelle Gaude, Polenta ou Milliaste suivant les contrées françaises où on les prépare.

Mais en même temps que ces céréales poussaient les animaux à la graisse, elles éteignaient leur énergie.

C'est pourquoi M. André Sanson, professeur de zoologie et de zootechnie à l'École nationale d'agriculture de Grignon, s'est livré à d'intéressantes recherches expérimentales, afin de savoir si l'avoine ne possédait pas des propriétés excitantes et nutritives en dehors de celles appréciables par l'analyse chimique.

Il résulte de ses observations que la première couche de la surface du grain contient une substance soluble dans l'alcool, substance qui a la propriété d'agir par excitation sur le système nerveux moteur.

Cette substance paraît appartenir au groupe des Alcaloïdes. On la retrouve dans toutes les variétés de l'avoine cultivée, et sa quantité varie suivant le lieu où elle a été récoltée.

La mouture affaiblit notablement cette propriété : d'où il suit que le son d'avoine ne présente que de médiocres qualités.

La science, — chose rare — est, cette fois, d'accord avec la tradition.

Et maintenant une question se pose qui est toute naturelle : Quelle est la quantité d'avoine que le cheval doit recevoir quotidiennement? — « Il faut donner au cheval, dit M. Sanson, autant de kilos d'avoine qu'il devra fournir d'heures de travail. »

Il est loin d'en être toujours ainsi, surtout à Paris, dans les compagnies de voitures publiques, où la ration journalière d'avoine équivaut à peine à la moitié du travail exigé. Il est vrai de dire que l'appoint se trouve complété par une large distribution de coups de fouet.

Étonnez-vous donc, après cela, que les pauvres haridelles soumises à ce régime en arrivent à un tel état de misère, que leurs bourreaux n'osent plus les atteler que de nuit, et à quels véhicules, grand Dieu! Et encore redoutent-ils de stationner sur les grandes voies. Ils vont se réfugier dans l'intérieur des gares où ils sont toujours sûrs, l'heure pressant, de racoler quelque client encombré de colis.

Vous est-il arrivé, lecteurs, de tomber, à la descente d'un train de nuit, sur un de ces attelages apocalyptiques où l'ombre d'un cheval semble traîner péniblement quelque chose qu'on prendrait pour l'ombre d'une voiture, n'étaient l'odeur de moisissure qui s'en exhale et le bruit de ferraille qui accompagne chaque tour de roue?

O Paris, si justement appelé *enfer des chevaux!!*

LA POMME DE TERRE.

Après le froment, l'orge et le riz, qui sont, selon les lieux, la base de la nourriture des hommes, il n'est aucune plante plus digne de nos soins que la Pomme de terre. Elle prospère dans les deux continents ; sa récolte ne manque presque jamais ; elle ne craint ni la grêle, ni la coulure, ni les autres accidents qui anéantissent en un clin d'œil le produit de nos moissons. Elle est un moyen de parer aux horreurs de la famine, et en cas de disette des grains, elle peut prendre la forme de pain, et nous nourrir presque aussi commodément. Elle n'a pas même toujours besoin de l'appareil de la boulangerie pour devenir un comestible salutaire et efficace. Les pommes de terre, telles que la nature nous les donne, sont une sorte de pain tout fait : cuites dans l'eau ou sous la cendre, et assaisonnées avec quelques grains de sel, elles peuvent, sans autre apprêt, nourrir, à peu de frais, le pauvre pendant l'hiver. Cette plante précieuse a déjà contribué à rétablir en Europe la population, à laquelle la découverte du nouveau monde avait porté de si fortes atteintes ; et la main bienfaisante du Créateur semble y avoir réuni tout ce qu'il est possible de désirer, pour faire trouver l'abondance et l'économie au sein même de la cherté et de la stérilité.

Parmentier qui, sous Louis XVI, introduisit la pomme de terre en France, ne se doutait pas du rôle qu'elle jouerait en Europe. Ce précieux tubercule n'est plus seulement aujourd'hui le pain des pauvres et un mets apprécié de tous, mais il est encore un utile auxiliaire pour l'alimentation des animaux. Voilà pour l'agriculture. Mais son rôle n'est pas fini, car voilà que l'industrie s'en est emparée, et que, soit chez nous, soit à l'étranger, elle sert à la fabrication de l'alcool et de la fécule.

Ne nous occupons que de la France. D'après la dernière statistique, la surface consacrée à la culture de la pomme de terre, était de 1,337,613 hectares, avec un rendement de 101 millions de quintaux métriques, représentant une valeur de 650 millions de francs.

Il est intéressant de savoir quels sont les départements les plus riches, au point de vue de la production de la pomme de terre. Nous trouvons en tête le département de Saône-et-Loire, avec 46,000 hectares ; puis viennent les Vosges, la Dordogne, la Sarthe, l'Aveyron, le Puy-de-Dôme avec des surfaces variant de 30 à 40,000 hectares : l'Allier, le Maine-et-Loire, l'Ardèche, la Charente, la Loire, avec des productions de 20 à 30,000 hectares.

La Seine, à cause de son peu d'étendue, n'est pas comprise dans le nombre des départements producteurs que nous venons de citer, et, cependant, elle vient en tête pour la production relative de ce légume consacré surtout à l'approvisionnement des marchés de Paris.

Dans la plupart des autres départements, notamment dans la Saône-et-Loire, la Sarthe, la Dordogne, etc., la pomme de terre est un objet d'alimentation pour l'homme et pour le bétail. Elle remplit un rôle important dans l'engraissement des animaux de la ferme.

Les départements de l'Est, au contraire, la Meurthe-et-Moselle, les Vosges, et le territoire de Belfort, qui cultivent jusqu'à cinq et six pour cent de leur surface en pomme de terre, livrent la plus grande partie des tubercules à l'industrie, soit pour la fécule, soit pour l'alcool.

La pomme de terre demande surtout des terrains frais et meubles, aussi les départements des régions montagneuses donnent-ils des rendements plus considérables, par hectare, que ceux où dominent les plaines. Les Hautes-Alpes figurent en première ligne, avec une production moyenne de 11,700 kilos à l'hectare; ensuite viennent l'Isère, le Cher, la Creuse, la Corrèze et l'Ardèche, avec une moyenne qui dépasse 10,000 kilos. La série des départements dont la production par hectare est inférieure à ce chiffre, comprend le Puy-de-Dôme, la Nièvre, la Savoie, la Côte-d'Or, l'Allier, la Haute-Loire, etc.

Malheureusement pour elle et pour nous, la pomme de terre à des ennemis dangereux dans certaines maladies dont elle est atteinte : le *Peronospora,* champignon microscopique, le *Phytophtora*, petit insecte fort dangereux, et enfin dans cette gangrène de la tige, maladie nouvelle.

LES ARBRES A PAIN.

Les *Artocarpés* (*du grec* ἄρτος, *pain, et* καρπός, *fruit*), famille qui offre plusieurs espèces également intéressantes, sont surtout répandus dans la plupart des îles du *Grand archipel polynésien* ; et, avec les cocotiers, ils y remplissent un rôle véritablement *providentiel*.

Le célèbre navigateur Anson, qui fit le tour du monde, au milieu du siècle dernier, est un des premiers voyageurs qui ait parlé de ces arbres merveilleux.

Voici son récit :

« Arrivés à Tinian (îles du groupe des Mariannes), nous y trouvâmes une sorte de fruit particulier que les Indiens nomment *Rima*, mais que nous appellions le fruit à pain, car nous le mangions au lieu de pain, durant le séjour que nous fîmes dans l'île, et généralement tout notre monde le préférait même au pain ; si bien que, pendant notre séjour en cet endroit, on ne distribua point de pain à l'équipage. Ce fruit croît sur un grand arbre qui s'élève assez haut, et qui, vers la tête, se divise en grandes branches, qui s'étendent assez loin.

Les feuilles de cet arbre sont d'un beau vert foncé, ont les bords dentelés et peuvent avoir depuis un pied jusqu'à 18 pouces de longueur. Le fruit vient indifféremment à tous les endroits des branches, et la figure en est plutôt ovale que ronde. Il a une écorce épaisse et forte, d'environ 7 à 8 pouces de longueur. Chaque fruit croît séparément, et jamais en grappe. On ne le mange que quand il a toute sa taille, et qu'il est vert encore ; en cet état, il ressemble beaucoup à un fond d'artichaut, tant en goût qu'en substance. Quand il est tout à fait mûr, il est mou et jaune et acquiert un goût doucereux et une odeur agréable, qui tient un peu de celle de la pêche mûre ; mais on prétend qu'alors il est malsain et cause la dysenterie. »

Deux ou trois arbres à pain, que la nature fait promptement grandir, suffisent pour nourrir une famille toute l'année.

« Quiconque, dans ces îles, dit Forster, a, durant sa vie, planté dix ou douze arbres à pain, a tout aussi complètement rempli ses obligations envers sa propre génération et celle qui la suit, que l'homme de notre triste climat qui, pendant toute son existence, aurait cultivé, par les rigueurs de l'hiver, et récolté par les chaleurs de l'été, pour assurer le pain de son ménage actuel, et aurait, en outre, même parcimonieusement épargné quelque argent pour ses enfants. Aussi n'est-il pas surprenant que le Tahitien ne comprenne pas une contrée qui ne possède pas l'arbre à pain, symbole de la plus clémente nature. »

Heureux Tahitien !

LA VIGNE.

La main qui a formé la terre en a diversifié la surface avec un artifice admirable, qui inspire la reconnaissance à mesure qu'il est mieux aperçu. Elle ne s'est pas contentée de nous donner des terrains unis,

de toute nature et de toute qualité, pour y faire croître les différentes espèces de grains dont nous tirons
notre principale subsistance; elle a élevé d'espace en
espace des montagnes et des collines, afin de ménager
des expositions favorables à la vigne et aux plantes
qui ont besoin d'une forte réflexion de lumière pour
mûrir parfaitement leurs fruits. Voyez cette main
créatrice incliner tous ces terrains, pour y faire tomber
directement le rayon qui serait oblique dans la plaine,
et transformer ainsi pour nous en source d'utilités et
d'agréments les lieux les plus irréguliers en apparence.

LE VIN.

Le Vin qui, selon l'expression de saint Paul, *réjouit
le cœur de l'homme* et ne contriste pas le cœur de la
femme, est un présent de la céleste bonté, qui doit
exciter en nous l'admiration et la reconnaissance. Non
content de nous donner en abondance le pain et les
autres aliments qui nous sont nécessaires, Dieu a daigné
pourvoir aussi à nos plaisirs; et pour nous rendre la
vie gracieuse et affermir notre santé, il a créé la vigne.
Les autres boissons naturelles ou artificielles, ne produisent pas ces effets au même degré : le vin seul a la
vertu de dissiper la tristesse, et d'inspirer cette joie
également indispensable au bien-être de l'âme et à
celui du corps; ses esprits réparent en un instant les
forces épuisées. Le pain met l'homme en état d'agir;
mais le vin le fait agir avec courage, et lui rend son
travail agréable.

La divine bonté ne se manifeste pas moins dans l'abondance et la diversité des vins ; ils sont variés à l'infini, par la couleur, par l'odeur, par le goût, par la qualité, par la durée. On peut dire qu'il y en a presque d'autant de sortes qu'il y a de terroirs ; chaque pays produit les vins analogues au climat, au naturel et au genre de vie de ses habitants.

Le vin est pour le corps de l'homme ce que les engrais sont pour les productions de nos jardins. Ils hâtent les fruits ; mais trop considérables, ils nuisent à l'arbre qui les donne. Un sage jardinier n'émonde pas continuellement ; il le fait à propos, et ne donne de l'engrais à ses arbres que proportionnellement à leurs besoins et à leur nature. Voilà toute la diététique du vin : celui qui ne l'observe pas, détruit son corps et perd son âme.

Profite donc, ô homme sensé! de ce conseil sur l'usage de cette boisson. N'en use jamais sans réflexion, et uniquement pour le plaisir. Souviens-toi que, sans la bénédiction divine, les aliments les plus nécessaires te manqueraient ; que c'est Dieu qui te donne cette charmante liqueur ; que sans sa Providence, elle pourrait devenir pour toi un poison et un principe de mort.

LE THÉ.

(Famille des Théacées.)

On n'admet aujourd'hui qu'une seule espèce de Thé. Les variétés sont dues à l'influence du sol, du climat et de la culture.

On croit le Thé originaire du midi de la Chine, quoique on le cultive depuis Canton jusqu'à Pékin. Les
Chinois et les Japonais le mettent en plein champ,
mais il se plaît particulièrement sur la pente des coteaux exposés au midi, et dans le voisinage des rivières et des ruisseaux. On cueille les feuilles depuis trois
ans jusqu'à sept ans : à ce moment, on recèpe le tronc,
qui repousse du pied et donne bientôt de nouvelles
feuilles en abondance.

Lorsque la saison de cueillir les feuilles de thé est
arrivée, on loue des ouvriers, qui, habitués à ce travail,
exécutent leur tâche avec autant d'habileté que de
promptitude : ils ne les arrachent pas par poignées,
mais une à une, en y mettant de grandes précautions.
Quelque minutieux que soit ce travail, on en ramasse
ainsi depuis quatre jusqu'à quinze livres par jour. Les
feuilles les plus estimées sont celles que l'on récolte
à la fin de février ou au commencement de mars, lorsqu'elles sont encore tendres et non entièrement développées : c'est le *Thé impérial*. On le réserve pour les
princes, les grands et les riches. La seconde récolte a
lieu un mois plus tard : on prend alors indistinctement
toutes les feuilles; ensuite on les trie, et on les assortit
suivant leur âge, leur proportion, leur qualité. Enfin,
un mois après cette récolte, on en fait une troisième
et dernière, la plus productive, mais qui donne le thé
le moins recherché. Des fêtes publiques et des diver-
tissements signalent l'achèvement de la moisson.

Il y a au Japon des établissements publics pour la
préparation du thé, et où toute personne qui n'a pas

les commodités convenables, ou qui manque de l'intelligence convenable pour cette préparation, porte ses feuilles à mesure qu'elles sèchent. Là, on les met très fraîches, et par plusieurs livres à la fois, dans une espèce de poêle en fer, mince, large, peu profonde, et chauffée au moyen d'un fourneau destiné à cet usage. On agite les feuilles et on les retourne continuellement avec les mains, pour qu'elles se torréfient aussi également que possible. La chaleur leur fait perdre la qualité endormante et nuisible que leur suc naturel leur communique.

En Chine, on trempe les feuilles dans l'eau bouillante, pendant une demi-minute, avant de les rôtir ; puis en sortant de la poêle, elles sont distribuées à des individus chargés spécialement du soin de les rouler avec la paume des mains, sur des tables recouvertes de tapis tissus de brins de jonc très deliés. Il faut continuer l'opération rapidement, jusqu'à ce qu'elles soient refroidies, car elles ne se roulent que quand elles sont chaudes. Il y en a que l'on rôtit et que l'on roule jusqu'à cinq fois, en diminuant graduellement l'intensité du feu. Par ce moyen, elles conservent mieux leur couleur verte et sont moins sujettes à s'altérer.

Le thé frais a une propriété enivrante qui agace et irrite les nerfs, et que la torréfaction ne lui enlève pas complètement. Les Chinois le regardent comme très salubre, et le prennent sans sucre ni autre mélange. Il est certain, toutefois, qu'il ne convient pas à tous les tempéraments. Les médecins sont partagés sur les

avantages et les dangers d'un usage habituel et journalier de cette boisson; on fait bien, dans tous les cas,
de l'interdire aux enfants, aux jeunes personnes, et,
en général, aux estomacs délicats.

On distingue, dans le commerce, huit sortes de thé,
trois de thé *vert,* et cinq de thé *Bou,* en observant que
ce dernier n'est pas le même que celui auquel les
Chinois ont donné le même nom.

Ce sont les Hollandais qui ont les premiers introduit le thé en Europe, au commencement du dix-
septième siècle.

LE CAFÉIER (CAFÉ).

(*Famille des Rubiacées.*)

L'élégant et le frêle arbrisseau, qui donne le Café,
a des rameaux ornés d'un feuillage lisse et toujours
vert. Ses fleurs sont blanches et d'une odeur suave.
Son fruit, gros comme une cerise, est une baie rouge
et renferme, au centre, deux semences cartilagineuses
qui sont le *Café.* On cueille chaque jour les fruits
quand ils commencent à rougir, et aussitôt l'arbuste
donne de nouveaux boutons, comme s'il n'avait rien
rapporté.

Suivant Raynal, le Caféier est originaire de la haute
Éthiopie, et vers la fin du quinzième siècle, il fut
transporté dans l'Arabie Heureuse. En 1699, le Hollandais Van-Horn, le transporta à Batavia et fit des
plants qui réussirent à merveille. En 1710, le consul
d'Amsterdam, Witsen, reçut un plant qu'il fit mettre

dans le jardin botanique. Ce Caféier donna des fruits abondants et un des individus qui en provinrent fut envoyé à Louis XIV. Celui-ci le fit mettre dans les serres du Jardin des Plantes ; ses boutures prospérèrent, ce qui permit d'acclimater le Caféier dans nos possessions des Antilles.

En 1720, le capitaine Declieux, reçut de Ant. Jussieu, alors professeur de botanique au Jardin du Roi, trois pieds de Caféier qu'il transporta à la Martinique. En ce temps-là, la traversée était longue et pénible ; l'eau vint à manquer et deux pieds moururent ; pour sauver le troisième, Declieux se priva de sa ration d'eau pour l'arroser et le sauva par son dévouement. Les Antilles furent peuplées de ce précieux arbuste et 50 ans plus tard toute l'Europe fut approvisionnée de café, dont le goût se répandit rapidement.

Le café le plus recherché nous vient de Moka en Arabie ; sa graine petite et ronde le fait facilement reconnaître. Cette espèce donne la boisson la plus suave et la plus agréable ; aussi est-elle plus chère. Viennent ensuite le café de Bourbon, celui de Cayenne, de Saint-Domingue, etc. Mais les gourmets préfèrent le café de la Martinique à celui de Bourbon.

Dès 1776, on évaluait à 33 millions de livres, la quantité de café que Saint-Domingue seul envoyait en France. Aujourd'hui la consommation du café a atteint des chiffres énormes, plus de deux cent mille tonneaux.

L'histoire de la découverte des vertus du café est incertaine. Selon les uns, elle fut révélée à un berger dont les chèvres avaient brouté de jeunes pousses du Caféier et qu'il vit cabrioler pendant toute la nuit; selon d'autres, le Prieur d'un couvent de Maronites, en ayant mangé un grain, ne put dormir la nuit suivante : il eut alors l'idée d'en donner à ses religieux, pour les empêcher de dormir pendant les matines. Les Mahométans assurent que ce fut le mollah Chadelly qui en usa le premier, pour faciliter et prolonger ses prières nocturnes. Les derviches et les gens de la loi l'imitèrent bientôt. En 1550, les Arabes le vendaient au Caire sous le nom de *Caovâ*.

Le café renferme un principe aromatique qui stimule les fonctions des organes digestifs et surtout celles du cerveau. Tout le monde connaît ces vers de Delille :

> A peine j'ai senti la vapeur odorante,
> Soudain de ton climat la chaleur pénétrante
> Réveille tous mes sens ; sans trouble, sans chaos,
> Mes pensers plus nombreux arrivent à grands flots.
> Mon idée était triste, aride, dépouillée ;
> Elle rit, elle sort, richement habillée,
> Et je crois, du génie éprouvant le réveil,
> Boire dans chaque goutte un rayon de soleil.

On a beaucoup exagéré l'influence du café, sur les facultés intellectuelles. Pur, il est salutaire; mais avec de la crème ou du lait, il peut avoir des inconvénients.

CHAPITRE XIII.

DES MIGRATIONS DES PLANTES.

Entrons dans ce règne où les merveilles de la nature prennent un caractère doux et riant. En s'élevant dans les airs et sur le sommet des monts, on dirait que les plantes empruntent quelque chose du ciel, dont elles se rapprochent. On voit souvent, par un calme profond, au lever de l'aurore, les fleurs d'une vallée immobiles sur leurs tiges ; elles se penchent de diverses manières, et regardent tous les points de l'horizon. Dans ce moment même où il semble que tout est tranquille, un mystère s'accomplit : la nature conçoit ; et ces plantes sont autant de jeunes mères tournées vers la région mystérieuse d'où leur doit venir la fécondité. Les sylphes ont des sympathies moins aériennes, des communications moins invisibles : le Narcisse livre aux ruisseaux sa race virginale ; la Violette confie aux zéphyrs sa modeste postérité : une abeille cueille du miel de fleurs en fleurs, et, sans le savoir, féconde toute une prairie ; un papillon porte un peuple entier sur son aile. Cependant les amours des plantes ne sont pas également tranquilles : il en est d'orageuses

comme celles des hommes; il faut des tempêtes pour
marier sur des hauteurs inaccessibles le Cèdre du
Liban au Cèdre du Sinaï, tandis qu'au bas de la montagne, le plus doux vent suffit pour établir entre les
fleurs un commerce de volupté. N'est-ce pas ainsi que
le souffle des passions agite les rois de la terre sur
leurs trônes, tandis que les bergers vivent heureux à
leurs pieds.

La fleur donne le miel : elle est la fille du matin,
le charme du printemps, la source des parfums, la
grâce des vierges, l'amour des poètes; elle passe vite
comme l'homme, mais elle rend doucement ses feuilles
à la terre. Chez les anciens; elle couronnait la coupe
du banquet et les cheveux blancs du sage; les premiers chrétiens en couvraient les martyrs et l'autel
des catacombes; aujourd'hui, et en mémoire de ces
antiques jours, nous la mettons dans nos temples. Dans
le monde, nous attribuons nos affections à ses couleurs,
l'espérance à sa verdure, l'innocence à sa blancheur,
la pudeur à ses teintes de rose : il y a des nations entières où elle est l'interprète des sentiments; livre
charmant qui ne renferme aucune erreur dangereuse,
et ne garde que l'histoire fugitive des révolutions du
cœur!

En mettant les sexes sur des individus différents,
dans plusieurs familles de plantes, la Providence a
multiplié les mystères et les beautés de la nature. Par
là, la loi des migrations se reproduit dans un règne
qui semblait dépourvu de toute faculté de se mouvoir.
Tantôt c'est la graine ou le fruit, tantôt c'est une por-

tion de la plante entière qui voyage. Les Cocotiers croissent souvent sur des rochers au milieu de la mer; quand la tempête survient, leurs fruits tombent, et les flots les roulent à des côtes habitées, où ils se transforment en beaux arbres, symbole de la vertu qui s'élève sur des écueils exposés aux orages : plus elle est battue des vents, plus elle prodigue de trésors aux hommes.

On nous a montré au bord de l'Yar, petite rivière du comté de Suffolk, en Angleterre, une espèce de cresson fort curieux : il change de place, et s'avance comme par bonds et par sauts; il porte plusieurs chevelus dans ses cimes. Lorsque ceux qui sont à l'extrémité de la masse sont assez longs pour atteindre au fond de l'eau, ils y prennent racine. Tirées par l'action de la plante qui s'abaisse sur son nouveau pied, les griffes du côté opposé lâchent prise, et la cressonnière, tournant sur son pivot, se déplace de toute la longueur de son banc. Le lendemain, on cherche la plante dans l'endroit où on l'a laissée la veille, et on l'aperçoit plus haut ou plus bas sur le cours de l'onde, formant, avec le reste des familles fluviatiles, de nouveaux effets et de nouvelles harmonies. Nous n'avons vu ni la floraison ni la fructification de ce cresson singulier, que nous avons nommé *Migrator*, voyageur, à cause de nos propres destinées.

Les plantes marines sont sujettes à changer de climat; elles semblent partager l'esprit d'aventure de ces peuples insulaires, que leur position géographique a rendus commerçants. Le *Fucus giganteus* sort des antres du Nord, avec les tempêtes ; il s'avance sur la mer, en enfermant dans ses bras des espaces immenses. Comme un filet tendu de l'un à l'autre rivage de l'Océan, il entraîne avec lui les moules, les phoques, les raies, les tortues qu'il prend sur sa route. Quelquefois, fatigué de nager sur les vagues, il allonge un pied au fond de l'abîme, et s'arrête debout ; puis, recommençant sa navigation avec un vent favorable, après avoir flotté sous mille latitudes diverses, il vient tapisser les côtes du Canada des guirlandes enlevées aux rochers de la Norwège.

Les migrations des plantes marines qui, au premier coup d'œil, ne paraissent que de simples jeux du hasard, ont cependant des relations touchantes avec l'homme.

En nous promenant un soir à Brest, au bord de la mer, nous aperçûmes une pauvre femme qui marchait courbée entre des rochers ; elle considérait attentivement les débris d'un naufrage, et surtout les plantes attachées à ces débris, comme si elle eût cherché à deviner, par leur plus ou moins de vieillesse, l'époque certaine de son malheur. Elle découvrit sous des galets une de ces boîtes de matelot qui servent à mettre des flacons. Peut-être l'avait-elle remplie elle-même autrefois, pour son époux, de cordiaux achetés du fruit de ses épargnes : du moins nous le jugeâmes ainsi ; car elle se prit à essuyer ses larmes dans le coin de son tablier. Des mousserons de mer remplaçaient maintenant ces présents de sa tendresse. Ainsi, tandis que le bruit du canon apprend aux grands le naufrage des grands du monde, la Providence annonçant aux mêmes bords quelques deuils aux petits et aux faibles, leur dépêche secrètement quelques brins d'herbe et un débris. — (Châteaubriand, *Génie du Christianisme,* ch. xi.)

CHAPITRE XIV.

GÉOGRAPHIE DES PLANTES.

Station. — Habitation.

Chaque sol, chaque espèce de montagnes, chaque région correspondante de l'atmosphère, aussi bien que tel degré de chaleur ou de froid, produisent et nourrissent des plantes qui leur sont propres.

De ce fait, on distingue la *station* et l'*habitation* des plantes.

Le terme de *station* exprime la contrée spéciale dans laquelle chaque espèce a coutume de croître, et le mot *habitation* l'indication générale du pays où elle croît naturellement.

La *station* indique le climat, le terrain ; s'il est sablonneux, marécageux, rocailleux, etc.

L'*habitation* désigne la patrie de la plante.

Ainsi la *Salicorne* a pour *station* les marais salés ; la *Renoncule aquatique,* les eaux douces et stagnantes ; leur habitation est en Europe, et celle du *Tulipier* est dans l'Amérique septentrionale.

§ I. — STATION DES PLANTES.

Les plantes, hélas! sont comme l'homme, dans un état continuel de guerre, les unes par rapport aux autres. Toutes sans doute peuvent se nourrir et se reproduire; mais celles qui s'implantent par hasard dans un lieu, tendent à chasser les autres espèces : les plus grandes étouffent les plus petites, toujours comme dans notre société; les plus vivaces remplacent celles dont la durée est plus courte; les plus fécondes absorbent tout le terrain.

Il y a des plantes *sociales,* dont les individus sont très rapprochés et vivent en société nombreuse; d'autres sont rares, épars et comme isolés.

Citons comme extrêmes de ces deux manières de vivre :

Le *Sabot de Vénus,* ou l'*Orchis à odeur de bouc,* vit presque toujours seul, tandis que les *Rhododendrons des Alpes,* les *Bruyères de l'Ouest,* les *Potamogétons,* etc., se trouvent en sociétés nombreuses. Il est évident que cela tient à la nature du terrain qui convient à certaines espèces et qui ne convient pas à d'autres. Là, où certaines plantes prospèrent, d'autres y périraient. Ainsi l'*Elymus arenarius* ne se plaît que dans les sables et sur les dunes de la mer; les mousses *Sphaignes* préfèrent les lieux tourbeux, les *Bruyères,* les landes, etc. Ces plantes sont sociales, parce qu'elles vivent dans des localités déterminées.

Lorsque le même terrain convient à plusieurs espèces, elles vivent ensemble mélangées. Nous en voyons
un exemple frappant dans nos terres cultivées, où
toutes les mauvaises herbes prospèrent également si
on ne les arrache pas avec soin. On voit également,
dans les forêts des tropiques, les arbres mélangés,
tandis qu'il y a toujours une espèce dominante dans
les pays tempérés.

Il est difficile d'établir avec rigueur la classification
des stations des plantes ; cependant de Candolle a fait
la très utile distinction suivante :

1° Les plantes *maritimes* ou *salines*, c'est-à-dire
celles qui, sans croître plongées dans l'eau salée et
sans flotter à sa surface, ne peuvent vivre que près
des eaux salées qui servent à leur nourriture, soit
qu'elles absorbent le sol par leurs racines, ou par leurs
feuilles, ou soit qu'elles ne le redoutent pas. La *Salicorne* est dans le premier cas, le *Roccella fuciformis*
dans le second, et le *Panicaut* commun dans le troisième.

2° Les plantes *marines* ou *thalassiophytes,* qui plongent dans l'eau salée, ou qui flottent à sa surface, selon
le degré de salure de l'eau ou l'intensité de la lumière.

3° Les plantes *aquatiques,* qui vivent dans l'eau
douce, soit immergées, comme les *Conferves ;* soit flottantes à la surface, comme les *Stratiotes ;* soit le feuillage dans l'eau avec leurs racines fixées dans le sol,
comme plusieurs *Potamogétons ;* soit comme les *Nénuphars,* enracinés dans le sol et flottant à la surface,

ou s'élevant au-dessus de la surface, comme le *Flû-teau* d'eau, qui se rapproche beaucoup de la classe suivante.

4° Les plantes des *marais* d'eau douce ou des lieux très humides, soit marécageux, soit à eaux courantes, soit tantôt inondés pendant l'hiver, soit plus ou moins desséchés par la chaleur.

5° Les plantes des *prairies,* qui ne diffèrent que très peu de celles des prairies marécageuses.

6° Les plantes des *terrains cultivés,* que l'homme a assujetties à son usage, soit dans les champs, les vignes ou les jardins, suivant le mode de culture.

7° Les plantes des *rochers*, des *murailles*, des lieux *rocailleux* et *pierreux*, qui présentent des diversités remarquables, d'après la nature propre de chaque roche.

8° Les plantes des *sables* ou des terrains très meubles qui offrent une classification assez difficile; car celles des sables maritimes se confondent avec les plantes salines, celles des terrains meubles avec les espèces des terrains cultivés, et celles des sables grossiers ne diffèrent pas de celles des graviers.

9° Les plantes des *lieux stériles,* comme les terrains argileux, ou ceux qui se durcissent par la sécheresse, la chaleur, ou par le piétinement de l'homme ou des animaux.

10° Les plantes des *décombres,* qui ont besoin de sels nitreux, comme le salpêtre, ou de matières azotées.

11° Les plantes des *forêts,* qui se composent des

arbres proprement dits, et qui ne laissent prospérer que quelques végétaux, suivant leur épaisseur ou leur degré d'obscurité.

12° Les plantes des *buissons* ou des *haies,* qui ne laissent guère croître entre elles que les herbes grimpantes.

13° Les plantes souterraines qui fuient la lumière, comme le *Byssus,* ou qui, comme les *Truffes* vivent dans le sein de la terre. Il faut y rapporter celles qui naissent et vivent dans les cavités des vieux troncs.

14° Les plantes des *montagnes,* qui varient selon la hauteur et le degré d'humidité occasionnée par les neiges.

15° Les plantes *parasites,* ou qui ne peuvent vivre qu'en absorbant la sève d'un autre végétal. On distingue :

i. Celles qui naissent à la surface des végétaux et qui vivent à leurs dépens, telles que le *Gui* et la *Cuscute;*

ii. Les parasites *intestines,* qui se développent dans l'intérieur même des plantes vivantes et percent le plus souvent l'épiderme pour paraître au dehors, telles que les *Uredo* et les *Œcidium.*

16° Les plantes *fausses parasites,* qui vivent sur des végétaux morts ou vivants, mais sans en pomper la sève; elles sont de trois sortes. Premièrement, celles qui comprennent des plantes cryptogames, dont les germes, apportés probablement pendant l'acte de la végétation, se développent à l'époque où, soit la plante, soit l'organe qui la récèle, commence à dépérir, et qui vivent de sa substance pendant son agonie ou après sa mort; telles sont les *Némospores* et plusieurs *sphéries* : ce sont de fausses parasites *intestines.*

La seconde comprend des végétaux qui vivent sur les arbres vivants sans pomper leur sève et qui se nourrissent de l'humidité superficielle de l'écorce ou de celle de l'air. Ce sont des végétaux cryptogames, comme les *Lichens* et les *Mousses;* soit phanérogames, comme les *Epidendrons.* Ce sont de fausses parasites *superficielles;* plusieurs peuvent aussi vivre sur les rochers, les arbres morts ou le sol.

La troisième comprend les fausses parasites *accidentelles,* comme les herbes qui naissent çà et là dans les cavités des troncs.

Il résulte de tout ce que nous venons de dire, qu'il ne se trouve aucun lieu sur la terre dépourvu absolument de végétaux; il y en a même sur la neige, car la teinte rouge qui recouvre certaines neiges anciennes n'est que le produit d'une sorte d'*algue* (le *Protococcus nivalis*), qui se rapproche des champignons. On en a trouvé jusque sur les plus hautes pyramides, dans les souterrains mêmes et dans les profondeurs des mines de Freiberg. ·

§ II. — DE L'HABITATION DES PLANTES.

La distribution des êtres organisés sur le globe (animaux et végétaux) dépend non seulement de circonstances climatériques très compliquées, mais aussi de causes géologiques qui nous sont entièrement inconnues, parce qu'elles ont rapport au premier état de notre planète.

Ce qu'il y a de certain, c'est qu'un grand nombre de points de la terre offrent dans leur végétation des différences indépendantes des conditions différentes dans lesquelles ils se trouvent placés, comme si chacun d'eux, dans le principe, avait été l'*objet d'une création à part.* Deux points éloignés, avec un climat analogue et même identique, et avec toutes les autres circonstances dont l'ensemble devrait entraîner l'identité des productions naturelles, peuvent néanmoins ne produire que des plantes différentes. C'est donc que chacun d'eux, à l'origine, a reçu les siennes et non les autres, quoiqu'elles eussent pu également y vivre. Cela est tellement vrai qu'on voit certaines espèces, transportées d'un centre à un autre, y prospérer comme dans leur patrie primitive. Nous en avons plusieurs exemples sous les yeux : l'*Erigeron du Canada,* une fois introduit en Europe, y est devenu une mauvaise herbe très commune. Nous pourrions citer beaucoup de plantes annuelles qui, par le semis fortuit de leurs graines, mêlées à celles des céréales apportées d'autres pays, se sont si bien naturalisées dans le nôtre, qu'on a peine aujourd'hui à distinguer celles qui en sont et celles qui n'en sont pas originaires. L'*Agave* et la *Raquette* couvrent l'Algérie, la Sicile, une partie du littoral de l'Espagne, de l'Italie et de la Grèce, au point que les voyageurs, frappés de l'aspect tout particulier que leur présence imprime au paysage, les regardent comme les types d'une végétation africaine ; et cependant tous deux

viennent de l'Amérique, et n'avaient jamais, avant sa
découverte, paru sur notre continent. Notre *Chardon-
Marie* et notre *Cardon* ont envahi les campagnes du
Rio-de-la-Plata ; le *Mouron des oiseaux,* l'*Herbe à
Robert,* la *Grande-Ciguë,* l'*Ortie dioïque,* la *Vipérine
commune,* le *Marrube commun,* pullulent aujourd'hui
aux environs de certaines villes du Brésil et croissent
abondamment jusque dans les rues. Presque tous les
pays pourraient fournir des exemples semblables de
l'émigration de certaines plantes, suivant les émigra-
tions des hommes. Si elles ne s'y rencontraient pas
auparavant, ce n'était donc pas faute de conditions
propres à leur existence : c'est que la main Toute-
Puissante qui a semé la terre en avait déposé les
germes autre part et non pas là.

Il y a des barrières naturelles qui s'opposent au
transport des plantes :

1° *Les mers.*

Les mers sont des obstacles d'autant plus puissants,
qu'elles sont plus étendues : aussi plus les îles sont
éloignées des continents, moins elles participent à
leur végétation. Les mers arrêtent le transport des
plantes, non seulement par leur étendue, mais encore
par l'influence délétère de l'eau salée. Cependant cette
action délétère n'agit pas également au même degré
sur toutes les graines, et l'on ne peut douter qu'un
certain nombre d'espèces ne puissent avoir été ainsi
transportées par la mer, d'une région à l'autre, et

qu'elles y aient prospéré, lorsqu'elles ont rencontré un climat qui leur convient. Sans doute, quand les mers sont très vastes, ce transport est très difficile; mais il devient bien plus facile quand, entre deux continents, il y a une série d'îles qui servent comme de points d'étapes aux graines. C'est ainsi que les îles Aléoutiennes établissent une communication entre l'Asie et l'Amérique (par le Nord); aussi toutes les espèces de plantes recueillies dans ces îles, se retrouvent-elles dans ces deux continents.

2° Les déserts.

Une autre barrière naturelle à la diffusion des plantes est formée par les déserts plus ou moins vastes : c'est ainsi que le Sahara, avec ses sables brûlants et arides, offre une barrière presque infranchissable; aussi les deux parties de l'Afrique séparées par ce désert présentent une grande différence entre les végétaux. Si on excepte les plantes transportées par l'homme, on peut à peine trouver dans la flore atlantique quelques espèces qui aient été observées au Sénégal. Il en est de même des steppes salés de l'Asie occidentale, excepté pour certaines espèces végétales qui peuvent vivre dans cette eau saumâtre.

3° Les montagnes.

Les grandes chaînes de montagnes forment une troisième sorte de limites. Elles arrêtent les graines ou par les neiges éternelles dont elles sont couvertes ou par la différence brusque de température. Mais ce genre d'obstacles est très imparfait, comparé aux deux précédents. En effet, les chaînes de montagnes sont toujours coupées par des fissures plus ou moins profondes, qui permettent aux plantes de passer d'un côté à l'autre. Ainsi en France, on remarque très bien que des plantes du Midi s'échappent à travers les grandes gorges des Alpes ou des Cévennes, et se trouvent sur le revers septentrional de ces deux chaînes, surtout dans les lieux où elles sont plus basses ou plus interrompues.

Enfin, disons qu'un grand marais arrête les plantes qui craignent l'eau; une grande forêt, celles qui craignent l'ombre; une grande élévation ou un changement de latitude pour celles qui redoutent le froid.

L'habitation des plantes présente encore un phénomène plus inexplicable que tous les autres. Certaines familles croissent dans un seul pays, d'autres viennent spontanément dans des contrées très différentes; de plus, certains pays qui n'offrent point ou presque point d'espèces semblables, donnent naissance à des espèces analogues, c'est-à-dire appartenant au même genre.

On évalue à cent vingt mille le nombre total des espèces de plantes !

Une foule de plantes vivent et sur le bord des eaux, et dans leur sein même ou tout à fait submergées ; et il est à remarquer que toutes celles qui sont fluviatiles viennent épanouir leurs fleurs à la surface des eaux. Il y a des rivières qui, en été, ressemblent à une prairie : les petits oiseaux viennent s'y reposer, et la bergeronnette aime à courir après les insectes dont elles sont peuplées.

Nous trouvons, au bord des eaux, les fleurs du joli *Myosotis,* qu'il faut prendre à la main pour en admirer l'élégance et la beauté. Ces charmantes miniatures portent le nom de *Souvenez-vous de moi.*

On remarque encore sur le bord des eaux, les *Salicaires,* aux épis pourprés, les *Iris* jaunes, les *Menthes* odorantes, etc.

Parmi celles qui vivent dans le sein même des eaux, nommons les *Cressons,* les *Lentilles* d'eau, les *Nymphœa,* les *Joncs,* les *Glaïeuls,* les *Sagittaires,* dont les feuilles, comme leur nom l'indique, sont faites en forme de fer de flèche.

Le Saule, le Peuplier, l'Aune, le Platane, le Tremble, etc., forment au bord des ruisseaux et des étangs, un splendide encadrement. Tous ces arbres, d'un beau vert si différent, d'un port si varié, donnent un air d'enchantement à ces différents paysages. Ce spectacle ouvre l'âme aux scènes de la nature et multiplie pour l'homme les jouissances de la vie. Les eaux paisibles et polies comme une immense glace, reflètent dans leur profondeur, les teintes d'émeraude que leur donnent la verdure des berges, et, par des dégradations insensibles, se fondent en limpidités azurées et scintillantes, vers le milieu, d'un éclat aveuglant. Une douce fraîcheur monte des eaux et s'épand en caresses. Les arbres, comme accablés sous la chaleur du soleil, à midi, ont l'air de laisser affaisser leur ramure vers les eaux assoupies.

CHAPITRE XV.

La plupart des plantes ne peuvent ni vivre ni se développer sans l'action de la lumière du soleil. La chaleur ne suffit pas, et celle d'une étuve est impuissante à remplacer la lumière ; et s'il y a des végétaux imparfaits qui paraissent s'en passer et qui se développent à l'obscurité, comme par exemple, les Champignons, c'est l'exception. Les rayons solaires sont nécessaires au développement de la plupart des plantes, et la chaleur augmente l'activité végétale. Aussi voit-on, dans les pays chauds, les arbres surtout se développer avec une vigueur qui tient du prodige. Au contraire, dans les pays froids, les arbres n'atteignent jamais qu'une petite taille, et même la végétation est nulle sur les hautes montagnes et aux environs des pôles.

En Afrique, la chaleur donne aux arbres des dimensions colossales. Ainsi, comme nous le verrons plus loin, le Baobab peut couvrir de son ombre cent mè-

tres en diamètre. En Europe, sans aller si loin, le
Châtaigner de l'Etna peut abriter une troupe de cent
cavaliers et le Chêne d'Allouville renferme une chapelle dans son tronc.

Les jardiniers mettent à profit le manque de lumière pour faire blanchir les salades et autres légumes. Ils lient les feuilles extérieures, et arrêtent ainsi
le développement du tissu ligneux et forcent les feuilles
intérieures à rester blanches et tendres. Ils obtiennent
le même résultat en les couvrant de paillassons. Par le
même procédé, ils changent les fleurs violettes des
lilas en fleurs blanches qui se vendent bien plus cher à
Paris.

Tout le monde sait que les pommes de terre, renfermées dans une cave, se développent en temps voulu,
et on voit leurs tiges se diriger fiévreusement, pour
ainsi dire, vers l'ouverture qui donne le jour à la cave.
Nous en citons, en son lieu, un fait bien remarquable.

Signature des plantes.

C'est ici le cas de parler de l'*aspect* des Plantes :
On connaît, dit l'Ecclésiastique, une personne à la
vue, et l'on discerne à l'air du visage, l'homme de
bon sens. Le vêtement du corps, le ris des dents et la
démarche de l'homme font connaître quel il est.

De même, la *signature*, en parlant des Plantes, se
disait autrefois de certaines particularités de conformation ou de coloration d'après lesquelles on les ju-

geait convenables dans telle ou telle maladie. Ainsi on administrait le suc de Carotte dans le cas de jaunisse, parce que la carotte est jaune; la Pulmonnaire était ainsi appelée, et en outre usitée dans les affections du poumon à cause des marbrures de ses feuilles qui offrent une grossière analogie avec l'aspect de cet organe.

Les Plantes ont encore des relations très curieuses avec les animaux et avec l'homme, par la diversité de leurs configurations et de leurs odeurs. Celle d'une espèce d'*Orchis* représente des *punaises* et exhale la même puanteur. Celle d'une espèce d'*Arum* ressemble à la chair pourrie, et elle en a à tel point l'infection, que la mouche à viande y vient déposer ses œufs.

CHAPITRE XVI.

LES GÉANTS DE LA FORÊT.

Arbres remarquables. — Platanes célèbres. — Ce que vivent certains arbres.

Les beautés de la nature doivent nous servir d'échelons pour nous élever jusqu'au Créateur, dont elles proclament l'existence et dont elles rappellent la puissance et la bonté.

Pénétrons aujourd'hui au sein des forêts de la Californie, pour admirer les merveilles que Dieu y a semées à pleines mains.

Grâce aux conditions climatériques les plus heureuses, cette partie de l'Amérique possède une flore luxuriante. Quelques-uns des arbres de ces forêts arrivent à une hauteur prodigieuse. A ces géants de la forêt, dont ils sont fiers, les indigènes ont donné des noms particuliers, et ils font servir leur tronc aux usages les plus curieux.

Signalons d'abord, dans le Far-West, à proximité de Mammoth-Grove-Hôtel, les *Deux Sentinelles*, deux arbres, dont chacun a plus de 300 pieds de haut

(100 m.); le plus gros a 23 pieds de diamètre (presque 8 mètres).

Chose curieuse! un kiosque à six ou huit fenêtres a été bâti sur la souche d'un de ces colosses, auxquels les Américains ont donné le nom de *Sequoias giganteas*. La circonférence mesurait 92 pieds. Pour en avoir raison, cinq bûcherons se servant de grandes tarières durent travailler durant 25 jours.

L'*Orgueil de la Forêt* a 80 pieds de circonférence et 300 pieds de haut.

La *Chambre des Mineurs*, qu'un coup de vent a renversé en 1860, a 319 pieds de long et 21 de diamètre.

Le *Monarque tombé* est renversé depuis des siècles. L'écorce et une grande partie du bois sont consumées, mais ce qui en reste encore a 18 pieds de diamètre.

Le *Père de la Forêt* doit avoir eu 450 pieds de haut et 40 de diamètre. Il mesure 112 pieds de tour à sa base. L'incendie en a dévoré le cœur, et trois cavaliers à cheval peuvent passer dans ce tunnel, d'un nouveau genre, sans toucher le plafond. — Un autre a été perforé, et la diligence passe à travers avec tous les voyageurs.

L'État de Californie, jaloux de conserver intacte la beauté poétique de cette nature enchanteresse, sacrifie ce capital improductif à la noble fierté de posséder un *Parc National* qui n'a pas son pareil au monde.

Dans le *South-Grove-Park,* il y a 1380 Sequoias.

Goliath est mort et enterré depuis de longues années. Un attelage *à quatre* passerait facilement sur son dos. Quatre cavaliers entrèrent à la file dans un de ces arbres creux. Cette écurie d'un nouveau genre peut abriter seize chevaux à la fois. Le *Roi des Arbres* porte fièrement sa couronne sur la *Rivière du Roi*, à 40 milles de Vilasia, et a 44 pieds de diamètre.

ARBRES REMARQUABLES. — Sur la route de Martel à Gramut, dans le département du Lot, se trouve un énorme Noyer qui a au moins 330 ans et qui donne annuellement de quinze à vingt hectolitres de noix.

A Ville-Dieu, dans l'Anjou, on voit un Chêne gigantesque auquel on attribue 600 ans d'existence.

A Poissoux, petite ville du Jura, il existe un Tilleul qui a été planté au seizième siècle et qui, vers le milieu du dix-huitième siècle, a eu l'honneur de servir, tant il était déjà grand et remarquable, aux opérations du géographe et astronome Cassini, pour la construction de sa carte de France.

Dans le cimetière d'Allouville, en Normandie, on voit un Chêne qui remonte à plus de mille ans et qui a plus de 10 mètres de circonférence. Au milieu de son branchage s'élève une cellule ou chambre d'ermite surmontée d'un clocheton. Le tronc qui est en partie creux, a servi à l'érection d'une chapelle consacrée à N.-D. de la Paix.

Dans la commune des Trois-Pierres (Seine-Inférieure), et dans le cimetière de la Haie-de-Routot (Eure), on remarque trois Ifs qui mesurent dix-mètres à leurs bases et peuvent avoir deux mille ans.

Pour vous citer des arbres plus remarquables, il faut

quitter notre pays et aller en Sicile. Il y a dans cette
île, sur le flanc du mont Etna, un Châtaignier qui est
regardé comme l'arbre le plus gros de l'Europe. La
conformation en est si bizarre, si monstrueuse, qu'on
ne peut évaluer son âge. Il n'a pas moins de cinquante
mètres de circonférence. C'est vous dire que trente
personnes se donnant la main ne suffiraient pas pour
l'entourer. Le tronc de ce colosse pourrait loger plusieurs familles, et son feuillage abriter la population
d'un grand village.

En Écosse, dans un cimetière de ce pays, il existe
un If qui serait vraiment un prodige de longévité. On
en parlait, il y a deux siècles, comme d'une merveille,
et on lui attribuait alors 2880 ans. Si la tradition dit
vrai, il a vu ensevelir les générations de 28 siècles.

Mais c'est dans l'Amérique du Nord, en Californie, qu'il faut aller pour trouver les prodiges du monde
végétal. C'est là que, dans la belle vallée de Yosemiti,
on admire la forêt des Sequoias, les géants des arbres.
Leur tige monte droite comme une flèche à plus de
cent mètres de haut; et même, l'un d'eux, aujourd'hui
tombé de vieillesse, s'élevait à 140 mètres, aussi haut
que les pyramides d'Égypte qui sont parmi les plus
grands édifices faits de main d'homme. Son tronc,
couché à terre, mesure encore 35 mètres de tour. Il n'a
pas dû vivre moins de 35 siècles. Ce roi des arbres est
appelé par les gens du pays : Le *Père de la Forêt*.

Les Platanes célèbres.

C'est presque à l'égal du Cèdre que les anciens
vénéraient cet arbre aux feuilles découpées en forme
de main, à la tige droite et élevée, pareille à une cou-
pole.

Le Platane, c'est le Chêne de l'Orient. Sa grosseur est
parfois colossale. Pline cite un Platane dont le diamètre avait près de 80 pieds. Dans le creux de ce géant,
Mutianus soupa et coucha avec vingt-deux convives.

Dans la cavité d'un autre Platane, le petit-fils d'Au-
guste, Caius Caligula, réunit dans un repas magnifique quinze convives et toute sa suite, environ
30 invités.

Ce fut de l'Asie, des bords de la mer Caspienne,
que le Platane fut transporté en Grèce. Il ombrageait
les fameux jardins d'Académus que s'étaient partagés
les philosophes de ce temps. Les Épicuriens occupaient
le centre de ses ombrages; les disciples de Platon
s'étaient établis au nord, ceux d'Aristote au midi.

Une allée de Platanes séparait les systèmes.

Le Platane de Cortina.

Au siècle dernier, les naturalistes et les voyageurs
admiraient encore, dans l'île de Candie, le célèbre
Platane de Cortina, que des circonstances locales
maintenaient toujours vert.

Le Platane de Xerxès.

Le plus célèbre des Platanes historiques est, sans
doute, celui qui s'élevait au milieu d'une plaine de
Lydie, et que les annales botaniques ont surnommé
« Le Platane de Xerxès. »

Sa taille gigantesque et son aspect merveilleux char-
mèrent ce conquérant au point de lui faire suspendre
sa marche lorsque, à la tête d'une nombreuse armée, il
croyait aller à la domination du monde. L'Ombre fée-
rique de cet arbre miraculeux procura au grand roi un
repos si doux qu'il voulut consacrer aux yeux de tous
le souvenir des jours paisibles qu'il venait, entre deux
batailles, de passer sous son dome.

Un admirable cercle d'or massif ceignit le tronc de
cet arbre prodigieux; des chaînes étincelantes, des
bracelets ornés de pierreries, furent suspendus à ses
rameaux, et Xerxès dépouilla ses courtisans pour les
voir briller à travers le feuillage de ce végétal incom-
parable, dont il confia la garde à des soldats fidèles.

AUTRES PLATANES CÉLÈBRES.

Le Platane se cultive soigneusement en Perse où l'on
estime que ses émanations bienfaisantes préservent
des maladies contagieuses et entretiennent la salubrité
de l'air.

Près de la ville d'Ispahan se trouve un Platane immense et vénéré, sur les branches duquel on a cons-

truit une salle recouverte d'étoffe qui peut contenir 60 personnes. Qu'en pensent les Châtaigniers de Robinson, restaurant célèbre près Paris ?

Près de Smyrne, sur les bords du Mélès, un café se trouve suspendu aux branches d'un Platane géant. Assis sur des coussins de soie et fumant leur chibouk avec une indolente rêverie, des Turcs passent là une partie du jour à regarder les cygnes se jouer dans les eaux du fleuve.

On sait que les Grecs et les Romains avaient une prédilection marquée pour le Platane. Ils se plaisaient à prendre leurs repas à l'ombre de ce beau végétal, endroit consacré par l'usage de leurs rendez-vous et de leurs transactions. N'en fut-il pas ainsi, plus tard, de nos vieux Ormeaux de France? Sous l'Orme qui, de ses branches séculaires, ombrage l'église du village, on se rencontre, on discute les affaires, on contracte les engagements, on festoie, on danse et l'on s'aime.

Le Platane fut introduit en France sous les Valois. Il parut d'abord si difficile à élever, et son ombrage fut si recherché, que les seigneurs assez heureux pour en posséder quelques échantillons, exigeaient un tribu des malades et des infirmes qui se reposaient sous son ombre réputée des plus bienfaisantes.

Le plus extraordinaire.

Le plus extraordinaire et le plus fameux des Platanes dont l'histoire naturelle fasse mention, est à coup

sûr le Platane de l'île de Cos, aujourd'hui Stancho.
Qu'on se figure une masse de verdure de 129 pieds
anglais de diamètre. Le tronc qui supporte cette cou-
pole de feuillage en a 38 de circonférence.

Une cinquantaine de colonnes de marbre ou de gra-
nit soutiennent, par-dessous, les énormes et pesantes
branches du colosse. Ces appuis sont là depuis si longtemps que la pierre a pénétré dans l'écorce et qu'elle
semble faire partie de l'arbre qu'elle protège.

Entre les colonnes qui servent de béquilles à cet an-
cêtre du monde végétal on a établi plusieurs cafés
turcs ; on y voit aussi le tombeau d'un santon (*moine
mahométan*) musulman et une merveilleuse fontaine
dont les eaux limpides arrivent d'une source éloignée de
plus de deux lieues.

Le Platane de Stancho est à la fois vénéré des Turcs
et des Grecs qui le mettent au-dessus de toutes les an-
tiquités du pays. Dieu sait combien de fois ce vieux
Platane a fait peau depuis qu'il fut planté.

Il est aujourd'hui bien faible et tout courbé sur les
colonnes qui lui servent de bâtons de marbre ; mais il
reste debout après avoir vu tomber des cités et s'étein-
dre des peuples qu'il avait vus naître.

A sa grâce, à sa beauté, le Platane joint le mérite de
pousser et de grandir très vite, précieux avantage en
ce temps d'impatience et d'improvisation. Bon bois solide, se travaille bien, rivalise, comme on sait, avec le
Hêtre et le Noyer pour fournir d'excellents sabots.

Le platane chausse le paysan, mais il n'est pas si
campagnard que ça : plutôt citadin que villageois, il

semble attiré par les villes, dont il pare les squares et les avenues de son beau feuillage.

A Paris, on le rencontre partout, faisant aux squares, aux places et aux jardins une élégante couronne de verdure.

Ce que vivent certains arbres. — L'Aune vit 360 ans; le Lierre 400; le Marronnier 600; l'Olivier 700 et plus (Jardin des Oliviers); le Cèdre 800; le Chêne atteint 1500; certains Ifs 2800; le Baobab 5700.

CHAPITRE XVII.

Système de Tournefort, — de Linné. — Classification naturelle de Jussieu. — Classification suivie aujourd'hui.

PRINCIPALES FAMILLES VÉGÉTALES.

En se basant sur la structure de l'embryon, dont nous avons parlé plus haut, les botanistes ont divisé le règne végétal en trois grandes sections :

Les Dicotylédones (2 lobes);

Les Monocotylédones (1 lobe);

Les Acotylédones (sans lobe);

Dans les Plantes Dicotylédones, l'embryon présente au moins deux cotylédons. Ainsi le Haricot a deux cotylédons; on dit, pour cette raison, que c'est une plante dicotylédone (du mot grec *dis*, qui veut dire *deux*).

Chez les Plantes Monocotylédones, il n'en offre qu'un. Ainsi dans le Blé, la graine n'a qu'un *seul cotylédon*.

On dit alors que la plante est monocotylédone (du mot grec *monos,* qui veut dire *un seul*).

Il y a d'énormes différences entre les Plantes dicotylédones et les Plantes monocotylédones. Nous n'en donnerons qu'un exemple qui vous suffira. Ainsi le Palmier est un arbre qui croît dans les pays chauds. C'est un monocotylédone. Il n'a pas de branches, mais simplement une touffe de feuilles au sommet, et son tronc est aussi gros en bas qu'en haut. Au contraire, les arbres de nos pays, qui sont *tous* dicotylédones, ont tous, comme vous le savez bien, le tronc plus gros en bas qu'en haut, et ce tronc est tout garni de branches et de rameaux.

Les Plantes de ces deux grandes divisions sont des Plantes à fleurs.

Enfin, les Plantes Acotylédones ont l'embryon *homogène,* sans distinction de parties, sans cotylédons. Ces sortes d'embryons se nomment des *spores.* Les fleurs n'existent pas; la reproduction se fait à l'aide de ces spores, portées ordinairement à la face inférieure des feuilles.

Ces Plantes composent plusieurs familles, parmi lesquelles nous citerons les Algues, les Champignons, les Lichens et les Mousses.

C'est Antoine-Laurent de Jussieu qui, en 1789, partagea d'abord le règne végétal en ces trois embranchements, d'après le nombre de cotylédons de la semence ou graine.

Disons, à ce propos, qu'on distingue deux sortes de classifications : l'une appelée *classification artificielle* ou *système,* comme sont les classifications de Tournefort et de Linné ; l'autre appelée *classification naturelle* ou *méthode,* et qui a été créée par Jussieu et perfectionnée par son fils Adrien. Elle fut modifiée par de *Candolle,* botaniste genevois, sans perdre toutefois le caractère général qui la constituait, et sans qu'aucun changement important fût apporté au grouppement des familles. De nos jours, on a essayé de distribuer les familles en d'autres ordres, mais les savants ne s'entendant pas entre eux, c'est encore la méthode de Jussieu qui prévaut.

Disons cependant un mot des systèmes de Tournefort et de Linné.

Système de Tournefort. — Tournefort, botaniste français du dix-septième siècle, divisa le règne végétal en deux grandes sections : les Herbes et les Arbres. Ces deux sections forment vingt-deux classes, fondées sur la consistance et les dimensions de la tige, ainsi que sur la forme ou l'absence de la corolle. Enfin, chaque classe se subdivise en plusieurs ordres.

Ce système fut bientôt remplacé par celui de Linné.

Système de Linné. — Ce botaniste suédois du dix-huitième siècle a rendu d'immenses services, en partageant toutes les Plantes en deux grandes sections subdivisées en vingt-quatre classes.

La première section renferme les Plantes dont les fleurs sont visibles, et se divise en vingt-trois classes ; la deuxième section formée exclusivement de la vingt-

quatrième classe, comprend les plantes dont les fleurs
ne sont pas visibles ou n'existent pas.

Le système de Linné repose entièrement sur les
caractères que l'on peut tirer des organes essentiels
de la plante, c'est-à-dire les étamines et les pistils.
— Les classes sont établies d'après les étamines,
et les ordres généralement d'après les pistils. De tous
les moyens inventés pour coordonner les végétaux
et faciliter la recherche de leurs noms, la classification
de Linné est sans contredit une des plus simples. Cette
classification est facile à retenir ; mais elle a le *défaut* de
réunir quelquefois dans un même groupe des plantes
disparates, et de placer dans des groupes différents
des espèces qui se ressemblent. Aussi la classification
naturelle a-t-elle prévalu.

Classification naturelle de Jussieu. — Cette classification a sur les systèmes qui l'ont précédée l'immense
avantage de présenter un tableau gradué de l'organisation végétale, depuis la plante la plus simple jusqu'à
celle qui est la plus compliquée. Comme nous l'avons
dit, elle est établie sur la structure de l'embryon, c'est-
à-dire sur le nombre ou sur l'absence des cotylédons ;
sur l'insertion des étamines, sur la forme des enveloppes florales, enfin sur les caractères tirés de la structure de la graine et du fruit.

La méthode établie par Jussieu comprend trois
grandes divisions :

1° Les Plantes Dicotylédones, dont la graine a plusieurs cotylédons.

2° Les Plantes Monocotylédones, ou graine à un seul cotylédon.

3° Les Plantes Acotylédones, ou graine sans cotylédons.

Ces trois divisions renferment quarante-cinq classes. Chacune de ces classes se compose d'un nombre plus ou moins considérable de groupes de végétaux appelés *familles;* chaque famille se partage en *genres* et chaque genre en *espèces.*

Les Plantes Dicotylédones se divisent en fleurs *apétales, monopétales* et *polypétales,* et en fleurs *déclines,* formant onze classes, d'après les trois modes d'insertion des étamines.

Les Plantes Monocotylédones forment trois classes, suivant que les étamines sont *hypogines*, c'est-à-dire insérées sur le *réceptacle; périgines*, ou insérées sur le calice ; *épigynes*, ou insérées sur l'ovaire.

Les Plantes Acotylédones ne forment qu'une seule classe.

Enfin les progrès de la science ont fait adopter la classification suivante :

I. PHANÉROGAMES.

(Organes reproducteurs apparents.)

EMBRANCHEMENTS	SOUS-EMBRANCH.	CLASSES.	FAMILLES PRINCIPALES.
I. **Plantes Dicotylédones.**	POLYPÉTALES.	*Thalamiflores.*	Crucifères, Renonculacées, Papavéracées, Malvacées.
		Caliciflores...	Rosacées, Ombellifères, Légumineuses.
	MONOPÉTALES.	*Caliciflores...*	Rubiacées. Caprifoliacées, Cucurbitacées.
		Corolliflores..	Solanées, Labiées, Jasminées.
	APÉTALES.	*Monochlamidées......*	Polygonées, Euphorbiacées, Amentacées.
		Gymnospermes......	Conifères, Cycadées.
II. **Plantes Monocotylédones.**	....		Graminées, Liliacées, Orchidées, Palmiers.

II. CRYPTOGAMES.

(Organes reproducteurs peu apparents.)

III. **Plantes Acotylédones.**	VASCULAIRES.	*Filicinées....*	Fougères, Prêles.
		Muscinées....	Mousses.
	CELLULAIRES.	*Lichénées....*	Lichens.
		Champignons.	Agaricinées.
		Algues	Confervacées, Fucacées.

Comme on le voit par ce tableau, les végétaux sont partagés en deux grandes divisions, les *Phanéro-games* et les *Cryptogames*. Ces deux grandes divisions se partagent à leur tour en trois embranchements : les *Dicotylédones*, les *Monocotylédones* et les *Acotylédo-nes*. Chaque embranchement se subdivise à son tour en *Polypétales*, en *Monopétales* et en *Apétales*, qui comprennent cinq classes : les *Thalamiflores, Calici-flores, les Corolliflores*, les *Monochlamidées* et les *Gymnospermes*.

Pas de subdivision dans l'embranchement des Mo-nocotylédones. Mais les Acotylédones se subdivisent en *Vasculaires*, et *Cellulaires* et comprend cinq classes : les *Filicinées*, les *Muscinées*, les *Lichénées*, les *Cham-pignons* et les *Algues*.

CHAPITRE XVIII.

I. PHANÉROGAMES.

Plantes dicotylédones.

CLASSE DES THALAMIFLORES.

Principales familles.

I. Les RENONCULACÉES. — *Principaux caractères.*
— Un calice à cinq sépales ou folioles; une corolle à
cinq pétales; nombre indéfini d'étamines; carpelles
indépendants entre eux et plus ou moins abondants.
Exemples principaux :

Les *Renoncules.* — (Le Bouton d'or des champs en
est une espèce), la Pivoine, l'Anémone, le Pied d'a-
louette ou Dauphinelle, les Ancolies, les Nigelles.

Plusieurs espèces vénéneuses, comme l'*Aconit* et
l'*Ellébore.*

II. Les CRUCIFÈRES. — Cette famille tire son nom
de la corolle, composée de quatre pétales imitant une
croix et opposés deux à deux. Il y a quatre sépales et
six étamines.

Ces plantes contiennent une huile essentielle piquante et antiscorbutique. Les unes sont alimentaires,

les autres sont employées en médecine ou dans l'industrie ; ex. :

Le Choux, le Navet, la Rave, le Radis, le Cresson, le Raifort, la Moutarde ou Sénevé, le Cochléaria, le Pastel ; et, comme plantes d'agrément, la Giroflée, la Corbeille d'or, la Julienne, le Thlaspi ou Téraspic.

Les graines de plusieurs crucifères, tels que le Colza, la Navette, la Cameline, forment la plus grande partie des huiles pour l'éclairage et servent à la fabrication des savons communs.

III. Les Nymphéacées. — Plantes aquatiques, à fleurs très grandes, blanches ou jaunes, et portées sur de longs pédoncules.

Le *Nénuphar,* le *Nymphea lotus,* la *Reine Victoria,* remarquable par la grandeur de ses feuilles et de ses fleurs, etc.

IV. Les Berbéridées. — Citons l'Épine-Vinette, aux fruits astringents.

V. Les Magnoliacées. — Les plus connues sont les Magnoliers et les Tulipiers, dont le feuillage est élégant et les fleurs d'une odeur si suave.

VI. Les Malvacées. — Calice à cinq sépales soudés à la base, étamines nombreuses. La Mauve, le Cotonnier, la Guimauve, la Rose trémière ; le Cacaoyer, originaire d'Amérique, dont la graine, le cacao, sert à faire le chocolat, et le Baobab d'Afrique ou Calebassier, le plus gros des arbres connus.

VII. Les Papavéracées. — La *Chélidoine* ou *Éclair,* vulgairement *Herbe aux verrues,* parce que son suc passe pour les faire disparaître ;

Le Coquelicot, si commun, surtout dans les blés;

Le Pavot, dont une espèce, le Pavot somnifère, cultivé aussi dans nos jardins, donne, par ses graines, l'huile d'œillette. C'est le Pavot, qui donne l'Opium, qu'on prépare particulièrement en Orient et qui, pris à petite dose, est un médicament très utile, mais à forte dose un poison très violent.

VIII. Les Fumariacées, petite famille à laquelle appartient la Fumeterre, si commune et qui sert en médecine.

IX. Les Capparidées, dont le Câprier épineux fait partie : ses boutons de fleurs, sous le nom de Câpres, servent d'assaisonnement. Cette plante aime les vieux murs.

X. Les Violariées, comme la Violette et la Pensée.

XI. Les Résédacées, parmi lesquelles on distingue le Réséda odorant, si commun dans nos jardins; la Gaude ou Réséda tinctorial, qui donne une belle couleur jaune.

XII. Les Polygalées, auxquelles appartient le Polygala, dit Laitier, ou Herbe à lait, amère et tonique.

XIII. Les Caryophyllées. — Les Œillets, les Silènes, les Lychnis, d'un rouge pourpre; la Saponaire, la Spergule et le Mouron des oiseaux, etc.

XIV. Les Linées. — Le Lin.

XV. Les Tiliacées. — Le Tilleul, dont la fleur est employée en médecine.

XVI. Les Géraniacées. — Les Géraniums, les Pélargoniums, la Capucine.

XVII. Les Balsaminées. — La Balsamine des bois, plante vénéneuse ; la Balsamine des jardins.

XVIII. Les Aurantiacées. — L'Oranger, le Citronnier, le Cédratier.

XIX. Les Camelliacées.—L'arbre à thé, qui croît en Chine et au Japon; le Camelia, originaire du Japon.

XX. Les Hypéricinées. — Le Millepertuis ou Herbe de la Saint-Jean, plante médicinale.

XXI. Les Acérinées ou Érables. — Le Sycomore, l'Érable rouge d'Amérique, qui donne beaucoup de sucre.

XXII. Les Hippocastanées. — Le Marronnier d'Inde.

XXIII. Les Clusiacées ou Guttifères. — Arbrisseaux exotiques au suc résineux ou gommeux ; la gomme gutte en vient ; le Mangoustan d'Amérique, remarquable par le parfum et la saveur de ses fruits.

XXIV. Les Ampélidées ou Vignes. — La Vigne et toutes ses variétés.

CLASSE DES CALICIFLORES.

Les plantes de cette classe ont un calice et une corolle, mais le calice est soudé au disque, et les étamines et la corolle sont insérées sur le calice.

Se partage en deux séries ; les Caliciflores polypétales et les Caliciflores monopétales.

PREMIÉRE SÉRIE.

Caliciflores polypétales.

I. Famille des ROSACÉES ou ROSÉES. — Les Rosiers, l'Églantier.

II. Les AMYGDALÉES ou DRUPACÉES. — L'Amandier, le Pêcher, l'Abricotier, le Cerisier, le Prunier.

III. Les POMACÉES. — Le Pommier, le Poirier, le
Cognassier, le Sorbier, l'Alisier, le Néflier, l'Azero-
lier, l'Aubépine.

IV. Les DRYADÉES ou FRAGARIÉES. — Le Fraisier,
la Ronce, le Framboisier, le Laurier-Cerise, la Be-
noîte, plante médicinale.

V. Les SANGUISORBÉES. — La Pimprenelle, l'Ai-
gremoine, plantes médicinales.

VI. Les SPIRÉACÉES. — Les spirées, les unes sauvages, les autres cultivées.

VII. OMBELLIFÈRES. — La Carotte, le Céleri, le
Persil, le Panais, le Cerfeuil, plantes alimentaires et
si utiles; puis comme aromatiques, l'Angélique, la
Coriandre, l'Anis vert, le Fenouil.

La Ciguë, très vénéneuse, mais très efficace dans
certaines maladies graves.

La petite Ciguë ou Ciguë des jardins qui ressemble
au Persil. On les distingue ainsi : le Persil a les
fleurs jaunes et d'une odeur agréable, tandis que celles
de la petite Ciguë sont blanches et d'une odeur nauséabonde.

VIII. Les Araliacées. — Le Lierre.

IX. Les Saxifragées. — Les Saxifrages, assez nombreuses, à fleurs blanches, roses ou pourpres, en grappes ou en panicules.

X. Les Crassulacées ou plantes grasses. — Les Crassules, à fleurs d'un rouge éclatant;
La Joubarbe et l'Orpin.

XI. Les Cactées. — Les Cactus ou Cierges, dont les principales espèces sont le Cierge du Pérou, le Nopal ou Figuier d'Inde, qui nourrit la Cochenille, insecte qui donne la belle couleur écarlate.

XII. Les Myrtées. — Le Myrte, le Seringat, le Grenadier, le Giroflier des Moluques qui donne l'aromate dit Clou de girofle (boutons de fleurs).

XIII. Légumineuses (trois tribus).

1. Les *Papilionacées* (ainsi nommées à cause de la forme de leurs fleurs). — Le Haricot, la Fève, le Pois, la Lentille, le Trèfle, la Luzerne et le Sainfoin; l'Indigotier, le Genêt, la Réglisse, le Cytise des Alpes, le Faux Ébénier, le Robinier ou Faux Acacia, le Sophora du Japon, le Baguenaudier.

2. Les *Césalpinées.* — Le Caroubier, le Févier, les Bois de Judée, de Campêche et du Brésil; la Casse et le Séné; le genre Myroxylon qui donne par incision des arbres les baumes du Pérou et de Tolu.

3. Les *Mimosées.* — Les Acacias, qui donnent la Gomme Arabique; la Sensitive, dont les jolies folioles, au moindre attouchement, se couchent les unes sur les autres.

XIV. Les Grossulariées ou Ribésiacées. — Le Groseillier et le Cassis.

XV. Les Rhamnées. — Le Rhamnus Catharticus, le Nerprun, le Rhamnus frangula ou Bourdaine, dont on fait le charbon de la poudre ; le Rhamnus Alaternus ou Alaterne, dont les fleurs sentent le miel ; le Jujubier.

XVI. Les Célastrinées. — L'Evonymus ou Fusain, dont on fait des crayons à dessin.

XVII. Les Térébenthacées. — Le Pistachier, les Sumacs, qui servent à la préparation des cuirs ; le sumac-vernis de l'Amérique et du Japon, dont le suc, séché à l'air, donne un vernis très recherché.

XVIII. Les Balsamiers. — Donnent la myrrhe et l'encens.

XIX. Les Onagrariées ou Œnothéracées. — L'Onagre, les Épilobes, dont une espèce est l'osier fleuri.

XX. Les Portulacées. — Le Pourpier, plante potagère ; et le Pourpier à grandes fleurs, plante d'ornement.

DEUXIÈME SÉRIE.
Caliciflores monopétales.

I. Les Ilicinées ou Aquifoliacées (toujours verts). — Le Houx.

II. Les Caprifoliacées. — Le Chèvrefeuille des jardins, le Camérisier, chèvrefeuille des buissons ; la Symphornie, le Sureau, la Viorne ou Laurier-tin.

III. Les Loranthacées. — Le Gui, plante parasite,

Frêne, mais très rare sur le Chêne ; c'est pour cela qu'il était un objet de vénération pour nos ancêtres, les Gaulois.

IV. Les Cornées. — Le Cornouiller, dont les petits fruits sont comestibles.

V. Les Rubiacées. — La Garance, le Quinquina, excellent fébrifuge ; l'Ipécacuanha, vomitif, le Caféier, le Gaillet jaune ou Caille-lait, l'Aspérule ou Petit-Muguet, le Bois de fer.

VI. Les Valérianées. — La Valériane, la Mâche.

VII. Les Dipsacées. — La Scabieuse, la Cardère ou Chardon à foulon, dont les piquants servent à la préparation nommée *lainage,* pour les tissus de laine.

VIII. Les Composées ou Synanthérées (trois tribus).

1. Les *Chicoracées.* — Les Chicorées et les Laitues, les Salsifis, le Salsifis noir ou Scorsonère, le Pissenlit.

2. Les *Cinarocéphales* ou *Carduacées.* — L'Artichaut, le Cardon, le Carthame ou faux Safran, le Bluet, le Chardon, l'Armoise, l'Absinthe, la Centaurée.

3. Les *Radiées* ou *Corymbifères.* — Les Asters, dont fait partie la Reine-Marguerite, les Dahlias, l'Œillet d'Inde, le Chrysanthème, le Souci, le Grand-Soleil, la Camomille et l'Arnica.

IX. Les Campanulacées. — La Violette marine, la Raiponce.

X. Les Lobéliacées. — La Lobélie, dont le suc laiteux est un poison.

XI. Les Éricinées ou Bruyères. — La Bruyère

à balais, l'Arbousier, les Azalées, les Rhododendrons.

XII. Les Vacciniées. — L'Airelle ou Myrtille, aux fruits acides et rafraîchissants.

XIII. Les Cucurbitacées. — Les Melons, les Pastèques ou Melons d'eau, les Courges, les Potirons ou Citrouilles, la Coloquinte ; la Bryone, au suc amer et très purgatif ; les Grenadilles ou Passiflores ou fleurs de la Passion.

CLASSE DES COROLLIFLORES.

Corolle monopétale, c'est-à-dire dont les pétales sont soudés entre eux et forment une seule pièce.

I. Les Primulacées ou Lysimachies. — Le Mouron rouge, qu'il ne faut pas confondre avec le Mouron des oiseaux, qui appartient à la famille des Primulacées La Primevère (Auricule ou Oreille d'Ours).

II. Les Jasminées (Les Oléinées ou Oléacées). — L'Olivier, le Frêne, le Lilas, le Troène, le Jasmin blanc et le Jasmin jonquille.

III. Les Apocynées. — La Pervenche, le Laurier-Rose.

IV. Les Asclépiadées (détachés des Apocynées). — Les Asclépins.

V. Les Gentianées. — La Gentiane, le Ményanthe ou Trèfle d'eau.

VI. Les Polémoniacées. — Le Phlox, le Cobéa.

VII. Les Convolvulacées. — Le Convolvulus (Liseron ou Belle de Jour), le Jalap, la Patate, la Cuscute, le fléau de la Luzerne et du Trèfle. commune sur le Pommier, le Poirier, le Saule, le

VIII. Les Borraginées. — La Bourrache, la Pulmonaire, la Buglosse, le Myosotis, l'Héliotrope (originaire du Pérou).

IX. Les Solanées. — La Pomme de terre, la Tomate ou Pomme d'amour, l'Aubergine, le Piment ou poivre long, le Tabac. — Plantes vénéneuses : la Morelle, la Belladone, la Jusquiame, la Stramoine, la Mandragore, le Datura.

X. Les Verbascées, petite famille détachée des Solanées. — La Molène, le Bouillon blanc, etc.

XI. Les Scrofulariées ou Personées. — Le Muflier, la Digitale pourprée (en médecine); la Véronique officinale; le Paulownia imperialis, bel arbre du Japon, aux fleurs en grappes d'un beau bleu.

XII. Les Bignoniacées. — Le Jasmin de Virginie; le Sésame de l'Inde; le Catalpa.

XIII. Les Labiées (corolle séparée en deux lèvres). — Le Romarin, la Sauge, la Lavande, la Germandrée, la Mélisse et la Menthe; l'Origan, la Marjolaine, le Thym, le Serpolet, la Sarriette, plantes plus ou moins aromatiques.

XIV. Les Verbénacées. — La Verveine commune, la Verveine citronelle.

XV. Les Acanthacées. — L'Acanthe.

XVI. Les Plantaginées. — Le Plantain à grandes feuilles, tant recherché des chèvres, des moutons et des porcs.

XVII. Les Plombaginées. — Le Plumbago ou la Dentelaire, contre les maux de dents; le Statice ou

Gazon d'Olympe, dont on fait des bordures dans les jardins.

XVIII. Les SAPOTACÉES (poisons). — L'Isonandra-gutta, qui donne la Gutta-percha, par incision.

XIX. Les ÉBÉNACÉES ou PLAQUEMINIERS. — Les Ébéniers, le Styrax, qui fournit le Benjoin.

CLASSE DES MONOCHLAMIDÉES.

Une seule enveloppe florale, d'où leur nom sans corolle
et sans pétales ou apétales.

I. Les AMARANTACÉES. — La Queue de Renard, la Célosie crête-de-coq ou Passe-Velours.

II. Les CHÉNOPODÉES ou ATRIPLICÉES. — L'Arroche des jardins, l'Épinard, la Poirée ou Bette-poirée, la Betterave, la Salsola, la Salicorne, le Quinoa du Chili et du Pérou.

III. Les POLYGONÉES. — La Rhubarbe, la Renouée, l'Oseille, le Sarrasin ou Blé noir.

IV. Les NYCTAGINÉES. — La Belle-de-Nuit, dont les fleurs ne s'épanouissent que le soir.

V. Les LAURINÉES. — Le Laurier commun ou Laurier d'Apollon ou encore Laurier-Sauce, le Muscadier; le Camphrier; le Cannellier.

VI. Les THYMÉLÉES. — Le Daphné lauréole, le Daphné mezéreum ou Bois gentil.

VII. Les ARISTOLOCHIÉES. — L'Aristoloche, la Clématite, le Syphon, les Népenthès.

VIII. Les EUPHORBIACÉES donnent un suc vénéneux que la chaleur fait évaporer. — Le Manioc devient alimentaire et donne le Tapioca, le Ricin, le Croton tiglium, l'Hévé, le Buis, la Mercuriale, le Tournesol des teinturiers, le Réveille-matin, le Tithymale.

IX. Les Urticacées (plusieurs tribus). — 1. Les Urticées (l'Ortie). — 2. Les Morées, le Mûrier, le Figuier, le Figuier indien (gomme laque), l'Arbre à pain (îles du Sud). — 3. Les Ulmacées ou Celtidées (l'Orme, le Micocoulier. — 4. Les Cannabinées (le Chanvre, le Houblon).

X. Les Platanées. — Les Platanes.

XI. Les Amentacées (plusieurs tribus).

1. Les *Quercinées* ou *Cupulifères,* le Chêne, le Hêtre, l'Orme, le Châtaignier; le Chêne Alep, qui donne la noix de galle par la piqûre que fait à ses jeunes rameaux l'insecte nommé Cynips; le Coudrier ou Noisetier.

2. Les *Juglandées,* le Noyer.

3. Les *Bétulinées,* le Bouleau et l'Aune.

4. Les *Salicinées,* le Saule et le Peuplier.

5. Les *Myricées,* l'Arbre à Cire ou Cirier d'Amérique.

CLASSE DES GYMNOSPERMES.

Graine nue ou sans péricarpe, d'où leur nom.

I. Les Conifères (arbres verts) plusieurs tribus.

1. Les *Abiétinées.* — Le Sapin, les Pins, le Cèdre, le Mélèze, le Sequoia, l'Araucaria.

2. Les *Cupressinées.* — Le Cyprès, le Thuia, le Genévrier.

3. Les *Taxinées.* — L'If, fruits à petites baies d'un

Fig. 61. — Sapin (*Famille des Conifères*).

rouge vif et mangeables; mais feuilles vénéneuses pour les chevaux et les vaches.

II. Les CYCADÉES. — Le Cycas du Japon, le Zamia ou pain des Hottentots.

Embranchement des monocotylédones.

(Un seul cotylédon.)

I. Les GRAMINÉES (vulgairement Herbe, Gazon, Plantes fourragères, Céréales). — Le Froment ou Blé, le Seigle, l'Avoine, l'Orge, le Maïs (polenta et gaude); le Riz, la Canne à sucre, le Chiendent, le Roseau, le Bambou.

II. Les CYPÉRACÉES. — Les Carex ou Laiches, les Souchets (le Souchet comestible et le Souchet à papier ou Papyrus.

III. Les JONCACÉES ou JONCÉES. — Joncs, etc.

IV. Les COLCHICACÉES ou MÉLANTHACÉES (plantes très vénéneuses). — Le Colchique d'automne, le Vérâtre (ou Véraire), qu'on croit être l'Ellébore blanc des anciens.

V. Les LILIACÉES. — Le Lis blanc, le Phormium tenax ou Lin de la Nouvelle-Zélande, l'Aloës, la Tubéreuse, la Tulipe, la Jacinthe, l'Ail, dont l'Oignon et le Poireau sont les principales espèces.

VI. Les ASPARAGÉES ou ASPARAGINÉES. — L'Asperge commune, le Muguet, la Salsepareille.

VII. Les DIOSCORÉES. — Les Ignames, plantes alimentaires, originaires de l'Inde et de la Chine, se propagent comme la Pomme de terre.

VIII. Les IRIDÉES. — L'Iris, le Safran, le Glaïeul.

IX. Les AMARYLLIDÉES. — Les Tubéreuses, les Jonquilles, l'Amaryllis ou Lis de Saint-Jacques, le

Perce-neige, les Agavés d'Amérique qui poussent de
vingt mètres en moins de
huit jours.

X. Les NARCISSÉES. —
Les Narcisses.

XI. Les ORCHIDÉES, dont
les fleurs ressemblent à une
abeille ou à une grosse mouche. — La Vanille, plusieurs
Orchis qui donnent le Salep.

XII. Les BROMÉLIACÉES.
— L'Ananas.

XIII. Les MUSACÉES. —
Les Bananiers.

XIV. Les CANNACÉES. —
Les Balisiers, à feuilles grandes et larges, et diverses
espèces de Canna, aux si
belles fleurs.

XV. Les AROIDÉES ou
ARACÉES. — L'Arum ou
Gouet, vulgairement Pied
de veau ; le Caladium (Chou
caraïbe des Antilles) ; la Co-
locasie dont le peuple mange
les feuilles et les tubercules,
en Chine et dans l'Inde.

Fig. 62. — Lis blanc.

XVI. Les FLUVIALES. — Se divisent en tribus :

1. Les *Hydrocharidées*. — La Vallisnérie, commune

dans les eaux du Rhône et dont nous avons raconté la curieuse fécondation.

2. Les *Alismacées.* — Le Plantain d'eau ou Fluteau, bord des marais.

3. Les *Butomées.* — Le Butome ou Jonc fleuri.

4. Les *Lemnacées.* — La Lentille d'eau ou Lenticule (surface des eaux dormantes).

5. Les *Naïadées.* — La Zostère marine. — On fait des sommiers et des coussins avec ses feuilles.

XVII. Les PALMIERS. — Le Cocotier, le Sagoutier, le Dattier.

II. CRYPTOGAMES.

(*Organes reproducteurs peu apparents.*)

EMBRANCHEMENT DES ACOTYLÉDONES.

DEUX SOUS-EMBRANCHEMENTS : VASCULAIRES ET CELLULAIRES.

1. Acotylédones vasculaires.

2 classes.

1re CLASSE. FILICINÉES (de *filices*, fougères).

I. Les FOUGÈRES (espèces Adiantum et Asplenium, Capillaires, Fougère mâle).

II. Les CHARACÉES. — Lustres d'eau (Charas ou Charagnes).

III. Les ÉQUISÉTACÉES ou PRÊLES (Queues de cheval). — La Prêle des champs.

VI. Les Lycopodiacées. — Les Lycopodes, dont une espèce, le Pied-de-loup, qui renferme dans ses spores une poussière fine, jaune, et qui s'enflamme sur un corps en ignition. On s'en sert dans les théâtres, pour imiter les éclairs.

V. Les Rhizocarpées. — Plantes aquatiques, les unes flottantes, les autres au fond des eaux.

2ᵉ Classe. Muscinées (*musci,* mousses).

VI. Les Mousses, que tout le monde connaît.

VII. Les Hépatiques (foie). — Aucun usage, bien qu'on leur attribue des propriétés contre les maladies du foie.

2. Acotylédones cellulaires.

3 classes.

1ʳᵉ Classe. Lichénées.

Les *Lichens.* — Plusieurs espèces : le Lichen d'Islande, le Lichen des Rennes, la Pulmonaire du Chêne, l'Orseille ou Parelle.

2ᵉ Classe. Champignons.

Leurs spores de reproduction, au moment de la germination, donnent des filaments entrecroisés qui forment le Mycélium ou Blanc de champignon que l'on sème pour obtenir les champignons de couche.

Principales familles.

I. Les Agaricinées *hyménomycètes.* — (Les uns

vénéneux, les autres pas). — Les Champignons proprement dits, les Agarics, les Cèpes, les Morilles,
l'Oronge et la fausse Oronge très vénéneuse ; l'Agaric
du Chêne ou Amadouvier, qui sert à faire l'amadou.

II. Les GASTÉROMYCÈTES. — Les Truffes.

III. Les URÉDINÉES. — Le Charbon ou Nielle, la
Carie, la Rouille, l'Oïdium, qui vivent en parasites
sur les plantes et surtout les céréales, la Vigne et la
Pomme de terre.

IV. Les MUCÉDINÉES ou MOISISSURES.

V. LES MYCODERMES, sur les substances en fermentation.

3ᵉ CLASSE. ALGUES.

Les moins parfaites de toutes les plantes, en forme
de filaments, de tubes ou de lames ; les unes habitent
les eaux douces, les autres les eaux salées. — Principales familles :

I. Les CONFERVACÉES. — Les Oscillaires, animées
de mouvements qui les ont fait considérer comme des
êtres intermédiaires entre les plantes et les animaux.

II. FUCACÉES. — Les Ulves, les Fucus ou Varechs,
plantes marines dont une espèce, le Sargassum, qui
atteint plus de deux à trois cents mètres et est souvent un obstacle pour les navires, donne la mousse
de mer, employée comme vermifuge.

III. Les FLORIDÉES. — Dont la Coralline officinale est employée aussi comme vermifuge.

CHAPITRE IX.

LE PLUS BEAU JARDIN BOTANIQUE DU MONDE (1).

Nos lecteurs ne liront pas sans un vrai plaisir la relation d'un voyage du R. P. Le Roy, ancien missionnaire apostolique au Zanguebar, aujourd'hui évêque titulaire d'Alinda, vicaire apostolique du Gabon ; voyage entrepris, il y a quelques années, dans le but d'étudier des pays inconnus et d'y fonder des centres nouveaux d'évangélisation.

Nous avons eu le bonheur de faire sa connaissance, à Chevilly, près Paris, noviciat de la Congrégation des R. P. du Saint-Esprit, où il était venu refaire sa santé, fortement ébranlée par ses courses et ses fatigues

(1) Au KILIMA-NJARO, montagne de 6,000 mètres d'altitude, appelée par les uns Montagne de la Grandeur, par les autres Montagne blanche (Afrique orientale), à 3° latitude sud, et par les naturels Montagne de l'eau. Interrogé par les R. P. Le Roy, qui leur demandait ce que voulait dire Ndjaro, des enfants du pays répondirent : « Ndjaro, Ndjaré, dans le langage des Massaïs et même dans le nôtre, c'est de l'eau. Et on appelle cette grande montagne, là-bas, la « montagne de l'eau », parce que c'est de là que sortent toutes les rivières d'ici et de partout ».

apostoliques. Homme aimable, énergique, très instruit, très bon dessinateur et rempli de foi, nous n'oublierons jamais les soirées délicieuses que nous avons passées ensemble.

C'est en face de pareils hommes, qu'on trouve petit l'incrédule ou même l'indifférent.

Nous extrayons de son beau volume *Au Kilima-Ndjaro*, ce qu'il dit de la Flore de ce beau et si intéressant pays.

« LE PAYS VOUMBA ET SES PALMIERS, FLEURS, etc (1).

« ... Sur le sentier (en route pour le Kilima-Ndjaro), beaucoup de fleurs, et parmi les fleurs, beaucoup d'Orchidées. L'une, toute petite et toute belle, tapisse une vaste clairière de la forêt. Une autre, le Lissochilus jaune, croît au grand soleil, parmi les herbes; une autre encore, superbe, couvre dans un bois, un grand vieil arbre sur lequel elle croît, et qui est tombé juste en travers du chemin. Plus loin, sur la lisière d'une forêt, d'énormes fleurs odoriférantes, dont le calice mesure plus de 0^m,20 de longueur, pendent d'une sorte de liane et forment un bouquet magnifique : c'est un *Gardenia*. Mais seuls les insectes paraissent l'apprécier, car on en trouve des centaines qui s'y roulent avec volupté. » (P. 64.)

« ... Nous nous rapprochons de la mer et par une plaine basse et inculte, d'où s'élèvent tour à tour di-

(1) Ce magnifique volume est vendu au bénéfice des missions d'Afrique par les R. Pères du Saint-Esprit, 30, rue Lhomond (Paris).

verses espèces de palmiers, le Doum branchu, l'élégant
Œléis, le majestueux Borassus d'Éthiopie, nous arrivons
à un petit village que nous trouvons à peu près désert
et où nous nous installons. Nous sommes à *Madzoréni,*
c'est-à-dire *aux Palmiers-Éventail.* Ce nom est ample-
ment justifié par l'énorme quantité de ces beaux arbres qu'on voit ici partout. Mais l'aspect en est des
plus curieux. Dans le but de s'en procurer la sève
fermentée, les braves gens de ce pays n'ont rien
trouvé de mieux que de leur couper la tête, et de creuser
au sommet de ce qu'on appelle le *chou* un petit trou où
le *Vin de Palme,* tant que le palmier en a eu, est venu
se déposer chaque matin. Malheureusement, on ne
vit pas bien longtemps sans tête, et les arbres sont
morts. Seuls maintenant leurs longs stipes, droits et
renflés vers le sommet, se dressent dans la plaine, et,
la nuit surtout, quand passe le vent de la plage, et
que la lune éclaire tristement ces ruines, on dirait les
temples et les palais d'une ville antique dont les colonnes attesteraient la grandeur passée. » (P. 70.)

« Une remarque en passant. On dit qu'il faut au
Cocotier la proximité de la mer pour atteindre tout
son développement. Peut-être ; mais ici, nous sommes
déjà à trois jours de marche du rivage, et ces arbres
sont superbes, en plein rapport... Ce qu'il lui faut
avant tout, c'est l'eau et la vapeur d'eau. » (P. 102.)

« Le pays qui s'ouvre est le désert. A notre gauche,
de hautes montagnes jetées par paquets l'une sur
l'autre ; à droite, la plaine sans eau ; et, sur l'aride
sentier que nous suivons, des arbres rabougris, clair-

semés, une herbe jaune et rare, par endroits des bosquets étranges, faits d'un enchevêtrement épouvantable de lianes, d'euphorbes, de buissons de tout genre où les épines paraissent avoir remplacé les feuilles. L'une de ces plantes est surtout caractéristique : c'est une *passiflorée,* dont le pied tuberculeux, rond, énorme, couché sur le sol comme un potiron de grande taille, — *il y en a d'un mètre de diamètre,* — donne naissance à plusieurs lianes d'un beau vert de houx qui couvrent parfois une étendue très grande sur laquelle elles rampent, se tordent, montent, redescendent, s'entrelacent et forment à elles seules une jungle si compacte qu'un oiseau même a peine à y pénétrer; là-dessus, des épines à profusion, longues et droites, et, à la base de chacune d'elles, une feuille ronde, mais si petite, si rudimentaire, que l'œil la cherche et la distingue à peine. La fleur est blanche et peu apparente ; le fruit est de la taille d'une groseille.

« Le sol qui produit ces horreurs est sablonneux, pierreux, reposant sur des roches de grain très grossier et de couleur uniformément grise. Parfois, cependant, on trouve de grands espaces rouges, chargés d'oxyde de fer. » (P. 113.)

« A *Kitivo,* le baromètre anéroïde donne une altitude de 389 mètres.

« Toutes ces vallées (de l'Oumba) ont une végétation superbe. Dans les lambeaux de forêt qui restent encore, on peut marcher tête nue sur un sol uni ; le soleil se devine, mais ne se montre pas. Seules les lianes barrent le passage, et il y en a parfois d'énor-

mes ; on en voit le pied, mais il est impossible de dire
où elles vont tendre leurs câbles, leurs cordes et
leurs fils. Dans la tête des grands arbres qu'elles enlacent et sur lesquelles elles s'en vont chercher la
lumière, on les perd de vue. » (P. 123.)

« A Tovéta, le Bananier sert à tout. Le tronc d'a-
bord, vert et découpé en fines tranches, est une excellente nourriture pour les vaches, les moutons et les
chèvres, qui y trouvent à la fois à manger et à boire.
Les feuilles desséchées servent à couvrir les cases.
Et quant au fruit, on le mange cru, ou cuit, ou rôti :
on a dix ou quinze manières de le préparer. Au moment où ces lignes sont écrites (1893), les journaux
d'Amérique annoncent, avec quelque fierté, qu'un
citoyen de cet industrieux pays vient de découvrir le
moyen de réduire la banane en farine. La belle affaire !
C'est ce que les gens de Tovéta font depuis des siècles : cela consiste à cueillir la banane un peu avant
sa maturité, à la couper en deux, à la faire sécher au
soleil, comme du manioc, et à l'écraser ensuite dans un
mortier avec un pilon. Ce n'est pas tout : ici, comme
au Tchaga et au Ganda, on trouve encore dans la banane la base d'une bière excellente. La Providence
est bonne, et c'est ainsi qu'elle a répandu par le monde
quantité de choses sans lesquelles les peuples qui les
utilisent ne concevraient pas qu'on puisse vivre : le
bananier à Tovéta, le cocotier sur plusieurs côtes, le
bambou en Birmanie, le thé en Chine, le blé en Europe, le riz dans l'Inde, l'arbre à pain en Océanie, le
piment aux Antilles, la morue à Terre-Neuve, à Chi-

cago les porcs, le macaroni en Italie, la choucroûte en
Allemagne, l'ail en Provence et les pommes en Normandie.

... « On trouve encore nombre de coins de terre
d'où la forêt vierge s'élance dans toute sa magnificence primitive. Quels arbres! quelles colonnes! quelles ramures! Le jour, quand on pense au soleil dont
les feux grillent les feuilles racornies du désert voisin,
qu'il est bon d'errer sous ces dais splendides, le long
d'une sente à peine marquée, où la lumière n'arrive
que tamisée par le feuillage extrêmement délié de ces
arbres magnifiques, où les lianes courent comme des
cordes vivantes sur des mâts gigantesques, où ça et là
des fleurs éclatantes relèvent la couleur sombre de la
verdure! (P. 207.)

« Peu à peu la grande forêt commence. Le sentier
plus étroit devient humide, glissant, recouvert parfois
de plantes grasses qui ont poussé à la hâte, barré par
les lianes, encombré par les troncs énormes d'arbres
plusieurs fois séculaires et que la dernière tempête a
terrassés. Le petit ruisseau dont nous suivons le
cours, et que nous ne perdons de vue que pour le re-
trouver toujours plus haut, descend à la hâte, plein
jusqu'aux bords, et donnant la vie, sur son passage, à
une immense quantité de plantes en fleurs, parmi lesquelles se distinguent des Bégonias, des Balsamines,
et deux espèces de Plantain, aux larges feuilles vertes,
maculées de dessins noirs.

« Mais parlons de la forêt elle-même pour en donner
quelque idée? Le soleil a disparu, nous ne voyons

même plus le ciel. Partout la verdure, mais une verdure aux teintes diverses et graduées selon l'espèce,
la distance et l'exposition; parfois, nul horizon; ailleurs des vues profondes sur des précipices dont l'œil
ose à peine suivre les chutes; ici, les formes élégantes
et pittoresques de la Fougère arborescente, ailleurs
l'inextricable lacis des grandes lianes qui, sorties
on ne sait d'où, vont chercher la lumière et étaler
leurs feuilles, parfois leurs fleurs, au-dessus des lointaines ramures qui s'étendent là-haut; partout de
frêles arbrisseaux qui n'arrivent pas depuis des années à se frayer passage près de leurs aînés, et qui
végètent ainsi tout tristes, sans espoir de voir jamais
le soleil.

« Mais ce qui nous confond, ce sont ces troncs
énormes des ancêtres de la forêt, masses prodigieuses,
vieilles comme la montagne qui les porte, couvertes
de bosses, labourées de crevasses, encombrées de
Lianes, d'Orchidées, de Fougères, de Mousses, d'arbustes, d'arbres même, de toute une couche de végétation parasite, qui pousse là comme sur un terrain
préparé pour elle. Souvent leurs branches, fatiguées
de porter si longtemps un si grand poids, tombent
avec fracas sur les arbres environnants et fournissent à
ceux-ci, comme il arrive dans l'espèce humaine, une oc-
casion inespérée de monter à leur tour. Parfois même
le vieux géant, vermoulu, s'affaisse lui-même en un
jour de grande tempête, lorsque, la forêt ayant fris-
sonné comme en un accès de fièvre, le tonnerre bat les
cimes lointaines, que les éclairs passent en décharges

multipliées, que la nuit se fait, que la pluie tombe en avalanche, que le vent hurle avec une violence infernale et que le sol lui-même tremble comme s'il allait s'entrouvrir. Alors il tombe, entraînant avec lui tout ce qu'il nourrissait sur son tronc, sur ses branches, écrasant sous son poids tout ce qu'il abritait, dans une chute épouvantable. » (P. 302.)

« *Excelsior!* Une escalade rapide... nous amène à une sorte de prairie, où, par endroits, le sol, couvert de mousses, garde l'eau comme une éponge. Ailleurs cependant, on peut s'aventurer sans crainte, et c'est un plaisir véritable que de ramasser en courant des Glaïeuls superbes, une Scabieuse, des Renoncules...

« Encore un escarpement couvert d'arbres rabougris, tordus et misérables, et nous sommes à la fin de cette forêt singulière qui entoure le massif du Kélima-Ndjaro, comme une immense ceinture : 300 mètres.

« Là une sorte de plateau s'étend devant nous en forme de parc, accidenté de légères ondulations, couvert d'une herbe fine et agrémenté de quelques bouquets d'arbres ; mais tous sont couverts de lichens grisâtres, humides, pendant comme de longues et vieilles barbes agitées par un vent faible ; avec ces physionomies lamentables, on dirait de vieux patriarches immobilisés, changés en arbres. Sur le gazon, des immortelles, plusieurs espèces de Géranium, des touffes d'Absinthe, de petites Bruyères en fleurs. Et là-dessus cet étrange brouillard qui suinte sans fin, plus épais ici que dans la forêt, plus blanc, plus humide, plus froid. Point de soleil; une lumière atténuée, un silence absolu, une tristesse confuse et envahissante, quelque chose comme un paysage d'après la Mort, dans le quartier des Limbes. » (P. 306.)

« Sur un plateau de 4.800 mètres, chose curieuse, dans les anfractuosités de rochers jetés l'un sur l'autre, pêle-mêle, comme par une main cyclopéenne, s'élèvent encore les restes desséchés d'une plante très haute, d'un port extraordinaire; c'est le Seneçon géant de Johnston, signalé pour la première fois, il y a quatre ans, par cet explorateur... J'en renverse un pied, sans trop de peine, pour en prendre des graines. » (P. 318.)

« Avec une pareille variété de climats, on se figure aisément combien doit être riche la Flore du Kilima-Ndjaro. Cette montagne est en réalité une sorte d'amphithéâtre immense où sont exposés les spécimens les plus divers parmi les plantes que le Créateur a semées sur la terre. En bas le Lotus et le Bananier, en haut le Perce-neige et l'Immortelle! Un jour peut être, sur une ligne continue partant de la plaine et aboutissant au sommet, on y réunira des représentants de toutes les espèces connues, et ce sera le plus beau jardin botanique du monde.

« Tout en passant, j'ai recueilli cinq ou six cents plantes, dont environ trois cents seulement sont arrivées à la côte, — les autres ayant été perdues dans le cours du voyage — et que mon confrère et excellent ami, le P. Ch. Sacleux, à Zanzibar, a bien voulu déterminer pour la plupart. La liste même en a été publiée. Mais les lecteurs, si je la reproduisais ici, y trouveraient trop de noms barbares, quoique latins. Cependant, si étranger qu'on soit aux mystères de la Botanique, nul ne peut fouler aux pieds, sans un étonnement mêlé de je ne saisquel plaisir intime,... en ce centre du continent noir et sous les feux de l'Équateur, ces berceaux de Clématites, qui ornent le bord des chemins, ces Renoncules superbes, ces trainées de Réséda sauvage qui couvrent les collines de Kiléma, cette humble Violette elle-même qui s'accroche aux troncs vermoulus de la grande forêt Vierge, ces Géraniums réfugiés sur les hauts plateaux, ces six espèces de Balsamines délicates, qui forment sur les ruisseaux, comme un double cordon de fleurs variées, ce tout petit Trèfle, perdu dans l'herbe épaisse où bondissent les moutons et les chèvres, ces Ronces elles-mêmes dont les enfants, là aussi, voient avec impatience rougir et noircir les grappes, ces Bégonias aux fleurs glacées, ces Ombellifères, cette Scabieuse, ces touffes d'Absinthe, ces Seneçons divers, cette Laitue, encore ces Véroniques, ces Plantains, ces Bruyères, ces Lycopodes, ces Fougères, ces Lichens et ces Mousses, toute cette flore connue et aimée, souvenir de la Patrie absente, associée aux Palmiers, aux Dracœnas, aux Bananiers cultivés et sauvages, aux Baobabs énormes, aux Sterculias étonnants, aux Orchidées étranges, aux Asclépiadées, qui restent là pour rappeler que, tout en revoyant l'Europe, on n'est point sorti d'Afrique. Sur les premières pentes se trouve également une plante charnue, originale, appartenant au genre Sarcophyte. Chose également curieuse, par ce qu'on sait de l'Abyssinie, du Cap et du Kameroun, la flore du Kilima-Ndjaro leur est visiblement alliée, et l'on peut dire dès maintenant que les grandes altitudes, en Afrique, ont la plupart des plantes communes. » (Page 336.)

FIN.

VOCABULAIRE

A

ACAULE (*a-caulis*, sans tige apparente). — Se dit des plantes dont la tige est presque nulle.

ACOTYLÉDONÉ (ἀ κοτύλη). — Qui est dépourvu de cotylédons.

ALBUMEN. — Enveloppe de l'embryon chez un grand nombre de graines.

ANDROCÉE (ἀνήρ, ἀνδρός homme). — Ensemble des étamines.

ANDROGYNE (ἀνήρ, homme; γυνή, femme). — Qui contient des fleurs mâles et des fleurs femelles.

ANTHÈRE (ἀνθηρός, fleuri). — Partie de l'étamine qui renferme le pollen.

APÉTALE (ἀ *priv.* πέταλον, feuille). — Sans feuilles.

AXILLAIRE. — Qui a pris naissance et qui est situé à l'aisselle d'une feuille.

B

BRACTÉE. — Feuilles qui avoisinent les fleurs, etc., etc.

BULBE (*bulbus*). — Tige souterraine à écailles charnues.

C

CALICE. — Premier verticille de la fleur.

CALICULE (*caliculus* diminutif de *calix* petit calice). — Espèce de collerette formée de petites écailles, placée immédiatement en dehors d'une fleur, et appliquée contre le calice de manière à former un second calice. Mauves, Fraisiers, etc.

CAMBIUM. — Sève élaborée mucilagineuse propre à contribuer à la formation des tissus végétaux.

CAMPANULE (*campana*). — En forme de cloche.

CAPSULE. — Fruit sec contenant plusieurs graines à une ou plusieurs loges, déhiscent ou indéhiscent.

CARPELLE. — Un carpelle est au gynécée (le pistil ou les pistils) ce qu'un sépale est au calice, un pétale à la corolle, une étamine à l'androcée.

CELLULE. — Petit sac ovoïde formé par une membrane vide ou remplie de matières gazeuses ou liquides.

CHATON (*amentum, catulus*). — On nomme ainsi un épi de fleurs ordinairement unisexuelles (le plus souvent mâle), à pétales articulés à sa base et se détachant du rameau, après la maturité pour les chatons femelles.

CHAUME. — Tige des graminées.

CIRRHE, VRILLE. — Organes filiformes qui terminent certains pétioles, certains pédoncules, et s'entortillent en spirales autour des corps voisins.

COLLET (*collum*). — Point de départ de la tige et de la racine.

COROLLE. — Second verticille de la fleur situé entre le calice et les étamines; c'est la partie colorée de la fleur. Ce mot vient de *coronilla*, couronne.

COTYLÉDONS (κοτύλη, écuelle). — Feuilles séminales.

CRUCIFORME. — En forme de croix.

CRYPTOGAMES (κρυπτος caché, γάμος noces). — Plantes dont les organes sexuels sont invisibles.

CUPULE. — En forme de coupe.

CUTICULE. — Membrane mince.

CYME. — On appelle ainsi les inflorescences définies, c'est-à-dire composées d'axes terminaux aboutissant chacun à une seule fleur.

D

DÉHISCENCE. — Indique la manière dont les fruits s'ouvrent à leur maturité pour que les graines deviennent libres.

DIANDRE. — A deux étamines.

DICOTYLÉDONE (δις, κοτύλη). — Plante à deux cotylédons.

DIOÏQUE. — Fleurs unisexuelles dont les fleurs à étamines et les fleurs à ovaire sont produites par deux individus distincts.

DISSÉMINATION. — Dispersion des graines.

DRAGEON. — Jeunes tiges encore cachées dans le sol ou à peine sorties de terre. Elles sont émises chaque année par la plupart des plantes herbacées, vivaces ou ligneuses.

DRUPE (du latin *drupa*). — Fruit à un seul carpelle monosperme. Fruit charnu à un seul noyau.

E

ÉCORCE (*cortex*). — Couche extérieure de la tige des Phanérogames, qui enveloppe comme d'un étui le bois ou corps ligneux.

EMBRYON. — Plante en germe ; plante rudimentaire encore renfermée dans la graine.

ENDOCARPE (ἔνδον, intérieur, καρπός, fruit). — Membrane qui enveloppe la graine.

ÉPICARPE (ἐπί, sur, καρπός, fruit). — Pellicule qui recouvre le fruit.

ÉPIDERME (ἐπί, δέρμα). — Couche extérieure qui recouvre l'écorce.

ÉPIGYNE. — Organes de la fleur insérés sur l'ovaire.

ÉPISPERME. — Membrane qui recouvre la graine.

ÉTAMINE. — Organe sexuel mâle de la fleur, composée du filet, de l'anthère et du pollen.

F

FAMILLE. — Groupe d'un certain nombre de genres.

FIBRE. — Organe élémentaire dont la forme est intermédiaire entre les cellules et les vaisseaux.

FILET. — Partie de l'étamine qui supporte l'anthère.

FOLIOLE. — Petite feuille.

FOLLICULE. — Fruit à un seul carpelle libre et de consistance membraneuse.

FUNICULE. — Cordon ou support de l'ovule.

FUSIFORME. — En forme de fuseau.

G

GAÎNE. — Partie de la feuille élargie en une membrane que la tige embrasse complètement.

GEMMULE. — Bourgeon qui termine la jeune tige.

GERME. — Partie de l'embryon située au-dessus de la naissance du ou des cotylédons.

GERMINATION. — Premier développement du germe.

GLANDES. — Organes dont la propriété est de sécréter des liquides particuliers.

GOUSSE. — Fruit des légumineuses.

GRAINE. — Ovule fécondé et parvenu à maturité.

GREFFE. — Opération qui consiste à placer un bourgeon fraîchement détaché en contact avec l'aubier d'un autre arbre du même genre.

H

HAMPE. — Pédoncule souvent constitué par un seul entre nœud très allongé.

HERBACÉ. — Qui a la consistance de l'herbe.

HYPOGINE. — Insertion des étamines ou des autres verticilles de la fleur sous l'ovaire.

I

IMBRIQUÉ. — Feuilles bractées disposées comme les feuilles d'un toit.

INDÉHISCENT. — Qui ne s'ouvre pas, en parlant des graines.

IMPLORESCENCE. — Disposition des fleurs sur chaque rameau.

L

LABIÉES (labies, lèvre). — Se dit des fleurs divisées en deux lobes principaux, placés l'un au-dessus de l'autre comme deux lèvres.

LANGUETTE. — Corolle des composée semi-flosculeuses. Ex. : la chicorée.

LÉGUME. — Gousse, fruit des plantes légumineuses.

LIBER. — L'une des trois enveloppes que forment l'écorce, et la plus voisine de l'aubier.

LIGNEUX. — Qui a la dureté du bois, du mot latin lignum, bois.

LIMBE. — Partie plane et foliacée de la feuille.

LOBE. — Se dit des deux parties égales dans lesquelles se partagent certaines semences et certains fruits.

LOGES. — Espaces qui renferment les germes dans le fruit, et le Pollen dans l'anthère.

M

MÉSOCARPE (μέσος, moyen ; καρπός, fruit). — Partie charnue du péricarpe.

MOELLE (*medulla*). — Tissu cellulaire qui constitue un cylindre central chez les Dicotylédones.

MONOCOTYLÉDONES (μόνος, seul ; κοτύλη, cotylédon). — Plantes qui n'ont qu'un seul cotylédon.

MONOÏQUE. — Plantes à fleurs unisexuelles portées par un même individu.

MONOPÉTALE (μόνος, seul ; πέταλος, feuille). — Corolle d'une seule pièce.

MONOSÉPALE ou GAMOSÉPALE. — Calice d'une fleur qui a plusieurs sépales soudés entre eux.

MONOSPERME. — Qui n'a qu'une seule graine.

N

NECTAIRES (νέκταρ, boisson des dieux). — Organe de certaines fleurs qui distille le suc dont les abeilles font leur miel.

NERVURE. — Vaisseaux fibro vasculaires qui constituent la charpente du limbe de la feuille.

NŒUD (*nodus*). — Articulation renflée correspondant au point d'insertion d'une feuille.

NUCELLE. — La troisième des membranes constituantes de l'ovule la plus antérieure.

NUTRITION. — C'est l'ensemble des fonctions qui entretiennent la vie chez le végétal.

O

ŒILLET. — Extrémité du fruit opposée à la queue ou pédoncule.

OMBELLE (*umbella*, parasol). — Mode d'inflorescence dans lequel les pédoncules partent tous d'un même point, comme les rayons d'un parasol.

ONGLET. — Base étroite par laquelle un pétale est inséré.

OVAIRE. — Organe femelle de la plante.

OVULE. — Graine non encore fécondée.

P

PALMÉES (feuilles). — Folioles qui, partant d'un point commun, affectent la disposition des doigts de la main, comme dans le marronnier d'Inde.

PANICULE. — Fleurs en grappes ou en épi. Ex. : l'Oseille.

PAPILIONACÉE. — Corolle imitant le port d'un papillon.

PARASITES. — Végétaux qui vivent sur d'autres *plantes*, dont ils se nourrissent.

PARENCHYME. — Tissu cellulaire mou, spongieux, qui, dans les feuilles, les jeunes tiges, les fruits, remplit les intervalles des parties fibreuses.

PARIÉTAL (*paries*, muraille). — Qui est inséré sur les parois.

PÉDONCULE. — Support d'une fleur.

PÉRIANTHE (περί, autour ; ἄνθος, fleur). — Composé du calice et de la corolle, organe protecteur de la plante.

PÉRICARPE (περί, autour ; χαρπός, fruit). — Enveloppe du fruit, contenant une ou plusieurs graines dans son intérieur.

PÉRIGYNE (περί, autour ; γυνή, femelle). — Insertion des organes de la fleur autour de l'ovaire.

PÉRISPERME. — Partie de l'amande distincte de l'embryon et qui manque dans plusieurs graines.

PÉTALE (πέταλος, élargi). — Feuilles de la corole.

PÉTIOLE. — C'est ce qu'on appelle vulgairement queue de la feuille.

PHANÉROGAMES (φανερός, évident ; γάμος, mariage). — Qui ont les organes reproducteurs (étamines et pistils) visibles.

PISTIL. — Désigne l'ensemble des carpelles qui composent l'ovaire. Est synonyme de gynécée et d'ovaire.

PIVOTANTE. — Racine principale qui s'enfonce perpendiculairement dans le sol.

PLUMULE. — Partie du germe destinée à former les tiges.

POLLEN. — Poussière fécondante qui s'échappe de l'anthère.

POLYPÉTALE (πολύς, nombreux ; πέταλος, pétale). — Corolle composée de plusieurs pétales distincts.

POLYSÉPALE. — Calice composé de plusieurs sépales distincts.

POLYSPERME (fruit). — Contenant plusieurs graines.

PUBESCENT. — Chargé de poils courts et légers.

PULPE. — Substance charnue gorgée de sucs.

R

RACINE. — Partie de la plante qui s'enfonce dans la terre.

RADICAL. — Qui naît près de la racine ou qui lui appartient.

RADICELLE. — Racines secondaires qui naissent de la racine principale et forment le chevelu.

RADICULE. — Partie de l'embryon qui donne naissance à la racine.

RADIÉE (fleur). — Composée de fleurons au centre et de demi-fleurons à la circonférence, comme la Pâquerette et le Tournesol.

RAMEAU. — Subdivision des branches.

RHIZÔME (ῥίζα, racine). — Tiges souterraines.

S

SÉCRÉTION. — Fonction par laquelle certains liquides sont sécrétés.

SESSILE. — Feuille dépourvue de pétiole.

SILIQUE. — Fruit de la famille des crucifères.

SOUCHE. — Partie souterraine d'une plante vivace.

SPORE. — Corps reproducteur des cryptogames.

STIGMATE. — Partie supérieure du pistil.

STYLE. — Prolongement filiforme qui surmonte l'ovaire.

STIPE. — Tige des monocotylédones.

STOMATES. — Ouvertures ou pores corticaux, qui se trouvent dans l'épiderme.

SYNANTHÉRÉES. — Fleurs dont les étamines sont soudées par les anthères.

T

TEGMEN. — Tégument de l'ovule situé sous le testa.

TÉGUMENTS. — Organes qui en protègent d'autres en les recouvrant.

TESTA. — Membrane externe de l'ovule ou de la graine.

TIGE. — Partie de la plante qui se dirige dans l'atmosphère.

TRACHÉES. — Nom donné aux petits vaisseaux qui font dans les plantes l'office de poumons.

TUBERCULE. — Tige souterraine.

U

UNISEXUEL. — D'un seul sexe.

URNE. — Capsule fructifère de la famille des mousses.

UTRICULE. — Organe ressemblant à une petite outre.

V

VAISSEAUX. — Organes qui transmettent les liquides et les gaz dans toute la plante.

VALVE. — Pièce résultant de la déhiscence des fruits ligneux ou membraneux.

VASCULAIRE. — Composé de vaisseaux.

VEINES. — Nervures secondaires peu saillantes.

VERTICILLE. — Organes disposés en cercle sur un même plan autour d'un axe.

VIVACE. — Dont la souche persiste indéfiniment.

VOLUBILE. — Qui s'enroule en spirale autour des tiges voisines qui lui servent de support.

VRILLE. — Organe filiforme qui s'enroule en spirale autour des corps qui l'avoisinent.

TABLE DES GRAVURES.

FIN DE LA TABLE DES GRAVURES.

TABLE DES MATIÈRES.

PREMIÈRE PARTIE.

ORGANES DE LA NUTRITION.

CHAPITRE PREMIER.

DE LA RACINE.

CHAPITRE II.

LA TIGE.

SECONDE PARTIE.

ORGANES DE LA REPRODUCTION OU DE LA FÉCONDATION.

CHAPITRE PREMIER.

LA FLEUR.

Qu'est-ce que la fleur? — Sa composition. — Le calice. — Son rôle. —
Inflorescence. — Pédoncule. — La corolle. — Nectaires. — Leur rôle.

CHAPITRE VI.

MOUVEMENTS REMARQUABLES DANS QUELQUES VÉGÉTAUX.

CHAPITRE VII.

RÉVEIL ET SOMMEIL DES PLANTES.

CHAPITRE VIII.

BEAUTÉ DES FLEURS.

CHAPITRE IX.

LES PLANTES MARINES.

CHAPITRE X.

PRINCIPALES PLANTES MÉDICINALES USUELLES.

CHAPITRE XI.

PRINCIPALES PLANTES QUI, D'APRÈS BUFFON, SERVENT DE NOURRITURE A L'HOMME SOUS LES DIFFÉRENTS CLIMATS.

CHAPITRE XVIII.

I. PHANÉROGAMES.

II. CRYPTOGAMES.

CHAPITRE XIX.

FIN DE LA TABLE DES MATIÈRES.

Imprimé en France
FROC031531230919
22213FR00015B/192/P